材料学シリーズ

堂山 昌男　小川 恵一　北田 正弘
監　修

磁 性 入 門
スピンから磁石まで

志賀正幸　著

内田老鶴圃

本書の全部あるいは一部を断わりなく転載または
複写(コピー)することは，著作権および出版権の
侵害となる場合がありますのでご注意下さい．

材料学シリーズ刊行にあたって

　科学技術の著しい進歩とその日常生活への浸透が20世紀の特徴であり，その基盤を支えたのは材料である．この材料の支えなしには，環境との調和を重視する21世紀の社会はありえないと思われる．現代の科学技術はますます先端化し，全体像の把握が難しくなっている．材料分野も同様であるが，さいわいにも成熟しつつある物性物理学，計算科学の普及，材料に関する膨大な経験則，装置・デバイスにおける材料の統合化は材料分野の融合化を可能にしつつある．

　この材料学シリーズでは材料の基礎から応用までを見直し，21世紀を支える材料研究者・技術者の育成を目的とした．そのため，第一線の研究者に執筆を依頼し，監修者も執筆者との討論に参加し，分かりやすい書とすることを基本方針にしている．本シリーズが材料関係の学部学生，修士課程の大学院生，企業研究者の格好のテキストとして，広く受け入れられることを願う．

監修　　堂山昌男　小川恵一　北田正弘

「磁性入門」によせて

　本書は磁性に関する志賀正幸先生の40年に渡る教育，研究が文字通り結晶化したテキストです．先生は理学部のご出身で，京都大学工学部で長きに渡り教鞭をとってこられました．本書はその講義メモから生まれました．先生の最終講義の表題には「工学と理学のはざまで─磁性研究40年─」とあります．

　磁性研究は日本の伝統的学問分野です．量子力学をベースにした基礎研究と磁性材料の応用開発研究とが活発に続けられていますが，両分野を橋渡しする良質の材料系テキストには欠ける恨みがあります．本書は「何に使うか」を視野に入れつつも，「何故か」を問うバランスの取れた磁性のテキストです．

　これから磁性を勉強しようと考えている理工系学部3,4年生，材料系大学院生，既存のテキストにもの足りなさを感じている企業の磁性関係研究者にとっては待望のテキストです．

小川恵一

はじめに

　磁性体は半導体と並ぶ代表的な機能材料の一つで，磁気クリップや磁気カードといった身近なところから，ハードディスクの材料など最先端技術を支える材料としても広く使われている．我が国は伝統的にフェライト磁石やネオジム磁石の発明といった応用分野のみならず基礎研究分野でも優れた研究が多くなされており研究者の数も多い．それだけに，数多くの優れた参考書・専門書が出版されているが初心者や専門外の研究者がテキストとして使えるような入門書は意外と少ない．本書は，筆者が京都大学の材料系大学院で修士課程の学生を対象として行っていた磁性物理学の講義で使っていた講義メモに手を加えたもので，磁性について学ぼうとする材料系の学生・研究者を対象とした入門書である．

　この本を読むに当たっては，磁性現象を正しく理解するのに避けては通れない量子力学の習得を前提とするがあまり高度な知識は要求せず，シュレーディンガー流の量子力学の範囲で収まるよう心がけた．また統計熱力学も必須であるが，ボルツマン分布，フェルミ-ディラック分布の範囲で収まるよう配慮した．もちろん，電磁気学も重要だが単位系が複雑で最近の大学電磁気学で使う SI 単位系（E-B 対応 MKS 単位系）では磁性現象，特に強磁性体の性質を直感的に理解するのが難しく，他の多くの磁性物理学のテキストにならって磁荷の存在を仮定する E-H 対応 MKS 単位系を採用した．そのため，第 1 章（序論）で単位系の違いと換算法について少し詳しく述べた．

　第 2 章から第 5 章までが磁性の基礎となる部分で，第 6 章では金属・合金の磁性について少し詳しく述べた．第 7 章は多岐にわたる各種の磁性について最近の話題にもふれ紹介し，さらにそれらの研究手段についても簡単に紹介している．第 8 章以降は応用につながる主として強磁性体の性質に関するもので，磁気異方性，磁歪，磁区，磁化過程，反磁場と磁気回路，磁性材料，磁気の応用などについて述べている．磁歪の項で筆者が専門とした磁気体積効果について少し詳しく紹介した．

　本書を書くに当たっては，長年京都大学で研究を共にしてきた京都大学大学院工学

研究科の中村裕之教授に細部にわたって目を通してもらった．また，本書を内田老鶴圃刊行の材料学シリーズの一環として出版することを薦めて頂き，監修担当として詳しく原稿に目を通して頂き，初心者が理解しにくい所を指摘して頂くなど貴重なアドバイスを頂いた小川恵一先生に心から感謝致します．

2007 年 4 月

志賀 正幸

目　　次

材料学シリーズ刊行にあたって
「磁性入門」によせて

はじめに ………………………………………………………………………… iii

1　序　　論 ……………………………………………………………………1
1.1　強磁性体 …………………………………………………………………1
1.2　磁性体に関する諸量と単位系 …………………………………………3
1.3　磁気モーメントに作用する力 …………………………………………6
1.4　磁気モーメントの測定法 ………………………………………………7
1.5　磁場の測定法 ……………………………………………………………9
1.6　強磁性体の基本的性質 …………………………………………………11
1.7　ミクロに見たいろいろな磁性体 ………………………………………14
演習問題 1 ………………………………………………………………………15

2　原子の磁気モーメント ……………………………………………………17
2.1　磁気モーメントの素因 …………………………………………………17
2.2　角運動量の量子力学とベクトルモデル ………………………………20
2.3　鉄属遷移金属イオンの電子構造と磁気モーメント …………………27
演習問題 2 ………………………………………………………………………35

3　イオン性結晶の常磁性 ……………………………………………………37
3.1　常磁性体の帯磁率(キュリーの法則) …………………………………37
3.2　結晶の常磁性 ……………………………………………………………40
演習問題 3 ………………………………………………………………………50

4 強磁性(局在モーメントモデル) ……………………………………53
4.1 原子間交換相互作用(強磁性の原因?) ……………………53
4.2 磁化の温度依存性とキュリー温度 …………………………56
4.3 磁性体の熱力学 ………………………………………………62
演習問題 4 ……………………………………………………………67

5 反強磁性とフェリ磁性 ………………………………………………69
5.1 反強磁性 ………………………………………………………69
5.2 フェリ磁性 ……………………………………………………77
演習問題 5 ……………………………………………………………84

6 金属の磁性 ……………………………………………………………85
6.0 金属電子論のおさらい ………………………………………85
6.1 電子間相互作用を考えない場合の磁性(パウリ常磁性) …88
6.2 電子間の相互作用(交換相互作用) …………………………91
6.3 自由電子の交換エネルギー …………………………………91
6.4 分子場モデルによる遍歴電子の強磁性(ストーナーの理論) ……94
6.5 $3d$ 遷移金属の強磁性 ………………………………………98
6.6 遍歴電子モデルと局在モーメントモデル …………………105
演習問題 6 …………………………………………………………110

7 いろいろな磁性体 …………………………………………………111
7.1 ヘリカル磁性体と RKKY 相互作用 ………………………111
7.2 スピン密度波と Cr の磁性 …………………………………114
7.3 寄生強磁性(キャント磁性) …………………………………115
7.4 メタ磁性 ………………………………………………………116
7.5 スピングラス …………………………………………………117
7.6 フラストレート系 ……………………………………………118
7.7 微視的測定法 …………………………………………………121
演習問題 7 …………………………………………………………130

8 磁気異方性と磁歪 ...**131**
- 8.1 磁気異方性 ...131
- 8.2 磁　　歪 ...137
- 8.3 磁気体積効果とインバー効果 ...141
- 演習問題 8 ...150

9 磁区の形成と磁区構造 ...**151**
- 9.1 静磁エネルギーと磁区の形成 ...151
- 9.2 磁区構造を決める要因 ...153
- 9.3 磁区の形状と大きさ（理想試料の場合） ...156
- 9.4 実際の磁区構造 ...157
- 9.5 磁区の観察 ...159
- 演習問題 9 ...161

10 磁化過程と強磁性体の使い方 ...**163**
- 10.1 鉄単結晶の磁化過程 ...163
- 10.2 不純物を含む強磁性体の磁化過程 ...165
- 10.3 ヒステリシス曲線 ...166
- 10.4 保磁力の起因 ...167
- 10.5 強磁性体を使用するに当たって留意すべきこと ...169
- 演習問題 10 ...178

11 磁性の応用と磁性材料 ...**179**
- 11.1 軟磁性材料 ...179
- 11.2 永久磁石材料 ...181
- 11.3 磁気記録材料 ...183

12 磁気の応用 ...**187**
- 12.1 磁化変化に伴う電気抵抗変化 ...187
- 12.2 光磁気ディスク ...195
- 12.3 断熱消磁と磁気冷凍 ...196

付録A　内殻電子の反磁性の古典電磁気学による導出 ……………………199
付録B　スピン波励起による $T^{3/2}$ 則の導出 ……………………………200
付録C　反強磁性の平行帯磁率の導出 ………………………………………200

参考書，参考文献 ………………………………………………………………203
演習問題解答 ……………………………………………………………………207

欧字先頭語索引 …………………………………………………………………213
和文索引 …………………………………………………………………………215

1. 序　　論

　磁性体は太古の昔から方位針として使われ，現在では，磁気クリップ，磁気カードなどの身近な品々，パソコンのハードディスクや自動車の自動ロックなどの最先端の機器，そしてほとんど大部分の電気製品のどこかに使われており，現代生活を支える重要な材料のひとつである．

　磁石が鉄を引きつけるという現象は古くから知られていたが，「なぜ鉄だけなのか？」「間に物をはさんでも力が伝わるのは何故なのか？」といった疑問が謎とされ，神秘的な現象の代表と思われていた．磁石の不思議な性質について初めて科学のメスを入れたのはイギリス人ギルバートで，その著作「磁石論」(1600年) において，それ以前の神秘主義的な解釈を払拭するのに大きな貢献をしたが，定量的理解には至らず，磁性が本格的な物理学の枠組に取り入れられたのは，ニュートンによる万有引力の発見 (1665年) に遅れること1世紀余り，クーロンによる静電荷・静磁荷間の力に関する逆二乗則の定式化 (1781年) を待たねばならなかった．一方，「なぜ鉄なのか？」という疑問の解明は量子力学の発展を待たねばならず，20世紀になって初めて明らかにされた結構難しい問題である．現在でも，鉄 (やニッケル) は磁石にくっつくが，銅やアルミはくっつかないことは不思議な現象として小学校の低学年の理科の授業でも教わるようだが，では「なぜか？」という疑問に正確に答えられる人は理系の大学教育を受けた人でも少ないのではなかろうか？　本書は，このような疑問の解明から始め，磁性体の性質とその応用について，できるだけやさしく，しかし，あまり手を抜かずに解き明かしてゆくつもりである．

1.1　強 磁 性 体

　物質の磁気的性質は磁石にくっつくということだけでなく，いろいろな特徴がある．しかし，なんといっても際だった性質は磁石にくっつくことであり，また，くっつける能力があることである．磁石にくっつく物質を強磁性体とよび，また，くっつ

ける力をもつ物質を磁石，あるいは永久磁石とよぶが，もちろん強磁性体の一種である．まず手始めに，鉄だけでなく，どのような物質が強磁性体であるかを見てみよう．ただし，表1-1では室温で磁石にくっつく物質のみを取りあげている．

表1-1 磁石にくっつく物質，くっつかない物質

	磁石にくっつく（強磁性体）	くっつかない（非磁性）
金属	Fe, Ni, Co	Al, Cu, Mn, Cr etc
合金	Fe-Ni（パーマロイ），Fe-Co	高級ステンレス（Fe-18 Cr-8 Ni）
	ステンレス（Fe-Cr-C）（刃物用）	（ステンレス流し）
	MnAl磁石 Cu_2MnAl（ホイッスラー合金）	
金属間	$SmCo_5$（サマリウム磁石）	
化合物	$Nd_2Fe_{14}B$（ネオジウム磁石）	
酸化物	Fe_3O_4（マグネタイト）	
	$\gamma\text{-}Fe_2O_3$（マグヘマイト 立方晶）	$\alpha\text{-}Fe_2O_3$（ヘマタイト 六方晶）
	$BaO \cdot 6Fe_2O_3$（Baフェライト），CrO_2	
化合物	多くの遷移金属化合物（硼化物，燐化物，硫化物など）	ほとんどすべて
有機物	なし	

この表を一瞥しただけでいろいろ面白いことがわかる．まず，単体元素で強磁性になるのは鉄，コバルト，ニッケルのみである．これらは，元素の周期表では鉄族遷移金属に属すが，MnやCrは強磁性ではない．Fe, Co, Niの合金はすべて強磁性体となるが，わずかに他の金属を入れただけで強磁性を失う場合がある．面白いのは，ステンレス合金で，食器や台所の流しに使われているオーステナイトステンレス（Fe-18 Cr-8 Ni）は強磁性でないが，ステンレス包丁（フェライトステンレス Fe-18 Cr-C）は強磁性体である．どちらも鉄とクロムを主成分とする合金であるが，それに強磁性体であるニッケルを加えた方が非磁性で，非磁性である炭素を加えた方が強磁性となるのが面白い．実は，両者は結晶構造が異なり純鉄と同じ体心立方晶のフェライトステンレスが強磁性となる．MnAl合金，Cu_2MnAl合金は強磁性元素を含まないのに強磁性となる．金属間化合物の例としてあげた2つの物質が強磁性体であることは不思議ではないが，どちらも希土類元素を含み，超強力磁石として重要な実用材料である．遷移金属の酸化物にも強磁性（正確にはフェリ磁性）を示す物質が数多くある．マグネタイトは磁鉄鉱として大昔から磁石となることが知られていた．面白いのは，3価の酸化鉄で天然に鉄鉱石として存在する六方晶のヘマタイトは非強磁性であるが，立方晶のガンマヘマタイト（マグヘマイトともいう）は強磁性であり磁気

記録材料として広く使われている．両者は同じ化学組成をもつがやはり結晶構造の違いが強磁性・非磁性を分ける因子となっている．酸化クロム（CrO_2）は鉄を含まないが強磁性であり，以前は高級な磁気記録材料として使われていた．Fe，Mn，Coの硼化物，燐化物，硫化物のなかには室温でも強磁性を示す化合物が数多くあるが，純粋なイオン結晶に近い物質で強磁性を示す物質はほとんどない．実用的に有用な化合物はないが，最近磁性半導体とよばれる物質が見つかっており電子デバイスの材料として注目を浴びている．プラスチックなど有機化合物で室温で強磁性を示す物質が見つかれば実用上きわめて有用であるが残念ながら期待できない．一部の有機ラジカル化合物で強磁性が発現するという報告はあるが，いずれも極低温の領域に限られている．

さて，このように見ると，強磁性発現の条件として鉄属遷移金属を含むことが必要であることがわかる．ただし，いうまでもなく十分条件ではない．唯一例外として，希土類金属のガドリニウム（Gd）のみは室温でかろうじて強磁性を示すことが知られている．

1.2　磁性体に関する諸量と単位系

現在，物理量を表す諸量の定義と単位はMKS（m，kg，sec）スケールに基づくSI単位系が標準系として採用されている．力学などにおいては，古い単位系であるcgs（cm，g，sec）単位系との換算は10^nを乗じることにより容易に得られるが，磁気的性質を含む電磁気学の分野では諸量の定義とそれらの間の関係式が単位系により異なり，しかもSI系に統一されておらず，分野により異なった単位系を使う慣習が未だに残っており注意しなければならない．たとえば，正統的な電磁気学の教科書ではE-B対応（電場Eに対応する磁場を磁束密度Bとし磁荷の存在を認めない）のMKS系すなわちSI単位系を採用しているが，磁性物理学の分野ではE-H対応（電場Eに対応する磁場をH（SI単位系では「磁場の強さ」とよぶことがある）とし，磁荷の存在を仮定する）のMKS単位系を採用することが多く，本書もこの単位系を使う．その理由は，磁性体の性質，特に強磁性体の性質を論じるときE-B対応系では直感的にわかりにくいという面があるからである．さらにやっかいなのは，磁性の分野ではいまだにcgs単位系が，理論分野，磁性材料分野，さらには磁性に関するデータブックにも広く使われておりいささか混乱気味である．ここでは，まず，E-H対応のMKS系における諸量の定義と［単位］を述べる．

磁荷 q_m [Wb（ウエーバ）] と磁場（磁界） H [A/m]：1 Wb の磁荷が 1 A/m の磁場中にあるとき 1 N の力を受ける．

磁気モーメント M [Wb·m]：$|M|=q_m l$．長さ l の棒の両端に $+q_m$，$-q_m$ の磁荷が存在する磁気双極子モーメント．－極から，＋極への方向を磁気モーメントの方向とするベクトル量であり以下矢印で表す（図1-1 参照）．

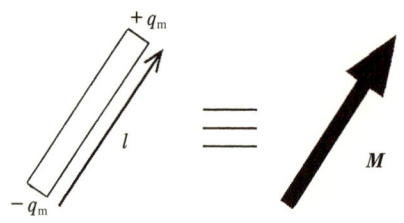

図 1-1 磁気モーメント

なお，SI 単位系では磁荷を認めていないので，磁気モーメント（磁気双極子）はそれと等価な回転電流として定義している．これは，図1-2 に示すように小さなコイルが発生する磁束線の分布が少し離れた（コイルや，磁石のサイズよりも十分離れた）位置では等しくなることに基づく．電磁気学の計算から，内面積 S [m²] の 1 巻きコイルに i [A] の円電流が流れると，それに等価な磁気モーメントは $M=\mu_0 i S$ [Wb·m]（SI 単位系では $M=iS$ [Am²]）で与えられる．

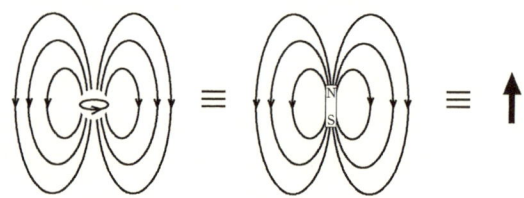

図 1-2 回転電流（左）とそれに等価な磁気モーメント

磁化 I [Wb/m²]：単位体積当たりの磁気モーメント（SI 単位系では A/m．$\mu_0 I$ を磁気分極 J という）．

磁化 σ [Wb·m/kg]：単位質量当たりの磁気モーメント．

磁束密度 B [T（テスラ）]：$B=\mu_0 H+I$

（$B=\mu_0(H+I)$ または $B=\mu_0 H+J$（SI），$B=H+4\pi I$（cgs））．

真空の透磁率：$\mu_0=4\pi\times10^{-7}$ H/m [=1(cgs)]．H（ヘンリー）はインダクタンスの

単位 [$=$Wb/A].
帯磁率(磁化率) χ [H/m]：$M=\chi H$.
比帯磁率 $\bar{\chi}$ [無次元]：$M=\bar{\chi}\mu_0 H$.
透磁率 μ：$B=\mu H$.
比透磁率 $\bar{\mu}$：$B=\bar{\mu}\mu_0 H$, 　$\bar{\mu}=1+\bar{\chi}$.

● **単位とその換算**

表 1-2 磁性に関する物理量と E-H 対応 MKS 系での単位および cgs 単位系への換算（体積磁化を磁気分極 J とする場合もある）

物理量	記号	MKS（E-H 対応）	cgs 単位	MKS → cgs ×定数	cgs → MKS ×定数
磁場	H	A/m	Oe	$4\pi\times10^{-3}$	$10^3/4\pi$
磁気モーメント	M	Wb・m	emu	$10^{10}/4\pi$	$4\pi\times10^{-10}$
磁化	I	Wb/m^2 ($=$T)	emu/cm^3	$10^4/4\pi$	$4\pi\times10^{-4}$
磁束	$\varPhi$	Wb	Mx	10^8	10^{-8}
磁束密度	B	T（$=$Wb/m^2）	G	10^4	10^{-4}
帯磁率/体積	χ	H/m	無次元 (emu/cm^3)	$10^7/(4\pi)^2$	$(4\pi)^2\times10^{-7}$
帯磁率/質量	χ_m	H・m^2/kg	cm^3/g	$10^{10}/(4\pi)^2$	$(4\pi)^2\times10^{-10}$
比帯磁率/体積	$\bar{\chi}$	無次元	emu/cm^3	$1/4\pi$	4π
比帯磁率/質量	$\bar{\chi}_m$	m^3/kg	cm^3/g	$10^3/4\pi$	$4\pi\times10^{-3}$
透磁率	μ	H/m	無次元	$10^7/4\pi$	$4\pi\times10^{-7}$
比透磁率	$\bar{\mu}$	無次元	無次元	1	1

Wb：ウエーバ, Mx：マクスウェル, G：ガウス, Oe：エルステッド, T：テスラ, H：ヘンリー

表 1-3 磁性に関する物理量と SI 単位系（E-B 対応 MKS）での単位および cgs 単位系への換算（E-H 対応系とは磁気モーメントの定義が異なることに注意）

物理量	記号	SI	cgs 単位	SI → cgs ×定数	cgs → SI ×定数
磁気モーメント	M	A・m^2 (=J/T)	emu	10^3	10^{-3}
磁化	I	A/m	emu/cm^3	10^{-3}	10^3
磁気分極	J	Wb/m^2 (=T)	emu/cm^3	$10^4/4\pi$	$4\pi\times10^{-4}$
帯磁率/体積	χ	無次元	無次元	$1/4\pi$	4π
帯磁率/質量	χ_m	m^3/kg	cm^3/g	$10^3/4\pi$	$4\pi\times10^{-3}$

1.3 磁気モーメントに作用する力

1.3.1 一様な磁場中の磁気モーメント

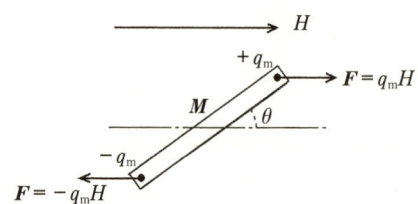

図 1-3 一様磁場が磁石に及ぼす力．回転力

一様な磁場 H 中に置かれた磁気モーメントは図 1-3 に示すように磁場方向 $(\theta=0)$ を向くまではトルク (回転力) $\bm{T}=\bm{M}\times\bm{H}(|\bm{T}|=MH\sin\theta)$ が働く．いうまでもなくこれは方位針が北を指す原因である．トルクはポテンシャルエネルギー U の角度微分

$$T=-\frac{dU}{d\theta} \tag{1-1}$$

で与えられるので

$$U=-MH\cos\theta=-\bm{M}\cdot\bm{H} \tag{1-2}$$

となる．

1.3.2 磁場勾配中の磁気モーメント

一様磁場中にある磁気モーメントは磁場方向 $(\theta=0)$ を向いてしまうとそれ以上力は働かない．図 1-4 に示すように，z 方向に磁場勾配がある場合

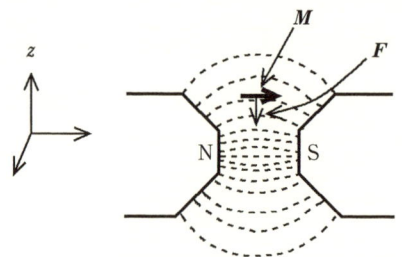

図 1-4 強磁性体を引きつける力

$$F_z = -\frac{\partial U}{\partial z} = M\frac{dH}{dz} \tag{1-3}$$

と磁場勾配に比例する力が働く．すなわち，磁石が強磁性体を引きつける力は磁場そのものではなく磁場勾配による．

1.3.3　2つの磁気モーメント間の相互作用（磁気双極子相互作用エネルギー）

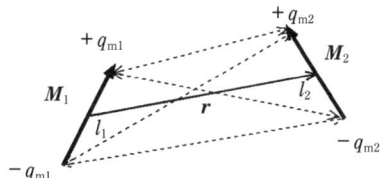

図 1-5　2つの磁気モーメント間の相互作用（双極子相互作用）

2つの磁気モーメント M_1，M_2 がベクトル r だけ離れた位置にあるときの相互作用エネルギーを考える（図 1-5）．一般に，磁荷 q_{m1}，q_{m2} が距離 r 離れた位置にあると，磁気クーロン力 $F = \frac{q_{m1} q_{m2}}{4\pi\mu_0 r^2}$，ポテンシャルエネルギー $U = \frac{q_{m1} q_{m2}}{4\pi\mu_0 r}$ が生じる．$|r| \gg l_1$，l_2 として，l_1，l_2 の2次以上の項を無視すると，2つの磁気モーメントの磁極間のポテンシャルエネルギーの和から，相互作用エネルギー

$$U = \frac{1}{4\pi\mu_0 r^3}\left\{M_1 \cdot M_2 - \frac{3}{r^2}(M_1 \cdot r)(M_2 \cdot r)\right\} \tag{1-4}$$

が得られる．これを磁気双極子相互作用（magnetic dipole interaction）エネルギーとよぶ．力は U の距離微分で与えられるので，r の4乗に逆比例して急激に衰える．

1.4　磁気モーメントの測定法

磁気モーメントは磁性体の性質の最も基本的な量であり，いろいろな方法で測定される（参考書[1] 参照）．ここでは代表的な測定法の原理を紹介する．

1.4.1　磁気モーメントに働く力を利用する方法

上に述べたように，磁場勾配中に置かれた磁気モーメントは磁場が強い方向に引き込まれる．この力を天秤法で測る．特徴としては，比較的微小な磁気モーメントが手

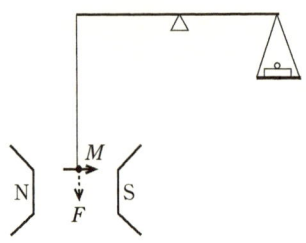

図 1-6 ファラデー（Faraday）法（磁気天秤）

軽に測定可能である．逆に強磁性体など大きな磁気モーメントは横方向の力も受け位置を正確に定めるのが難しい．絶対値は測定できず，標準試料と比較して磁気モーメントの大きさを求める．磁性の研究よりも分析機器の1つとして，電気的検出法を利用して用いられることが多い[1]．

1.4.2 電磁誘導起電力を利用する方法

(1) 引き抜き法

n 回巻いた，ソレノイドコイルに生じる誘導起電力は，コイル内部の総磁束を Φ とすると $V=-n\dfrac{d\Phi}{dt}$ で与えられ，起電力を積分することにより磁束変化が求まる．コイルの断面積を S とし，十分長い磁化 I，断面積 s の磁性体が入っていると，$\Phi=\mu_0 HS+Is$ で与えられるので，これを抜き去ると，$\Delta\Phi=Is$ となり，この間の起電力の積分値から磁化 I が求まる．原理的に磁化の絶対値が求まるが，比較的大きな試料を必要とし感度も悪く，また端の影響，完全に抜き去るのが難しいなど実際的でないのであまり使われない．

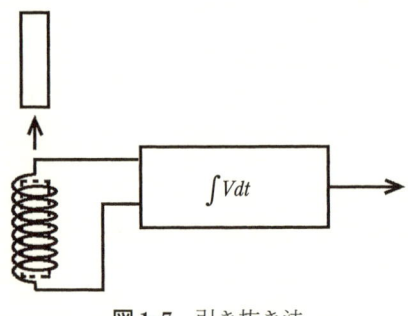

図 1-7 引き抜き法

（**2**） **振動試料法**（VSM：Vibrating Sample Magnetometer）

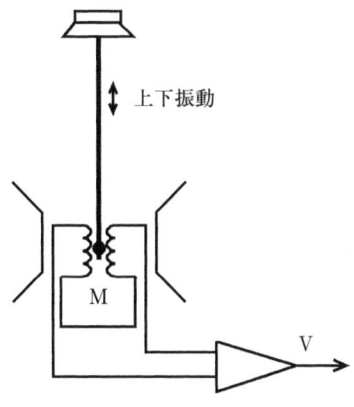

図 1-8　振動試料法（VSM）

　磁化した試料を振動させ検出コイルに発生する交流誘導起電力を測定する．絶対値は求まらないが標準試料と比較して磁気モーメントの値を求める．振動に同期した交流振動のみを増幅するので高い信号/雑音比が得やすく，弱い磁性体から強磁性体まで広い範囲の磁化を測定するのに適した装置，多くの市販品がある．

1.5　磁場の測定法

1.5.1　誘導起電力を利用する方法

　磁化の測定（引き抜き法）と同じく原理的には磁場の絶対値が求まる．実際に求まるのは初期状態（$H=0$）と最終状態（H）の磁束の変化量を求めるわけであり，その条

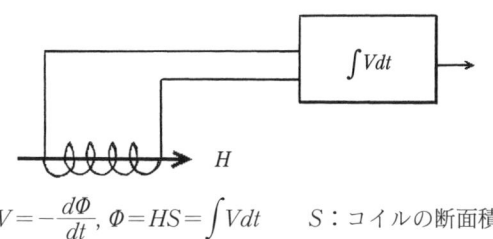

$V=-\dfrac{d\Phi}{dt},\ \Phi=HS=\int Vdt$　　S：コイルの断面積

図 1-9　誘導起電力による磁場の測定

件を整えるためいろいろ工夫を必要とする．また，ソレノイドの軸と磁場方向を一致させるなど注意が必要である．演習実験などには適しているがあまり実際的ではない．

1.5.2 ホール効果を利用する方法

ホール電圧が磁場に比例することを利用する．ホール素子としてはホール係数 R_H が大きく，かつ直線性がよく，温度係数が小さいことが望ましく InAs 等の化合物半導体が使われている．多くの市販品があり最も一般的な方法である．使用に際しては素子の面が磁場の方向に垂直になること，絶対値を測定するわけでないので，時々標準磁場で校正するなどの注意が必要になる．

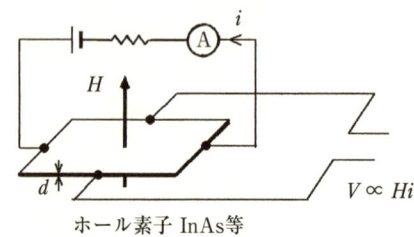

ホール電圧　$V = R_H H \dfrac{i}{d}$　　R_H：ホール係数，d：ホール素子の厚さ

図 1-10 ホール素子による磁場の測定

1.5.3 SQUID 磁力計（Superconducting QUantum Interference Device）

超伝導体の内部に磁束が進入しないことはマイスナー効果として知られている．また，同じ原理により超伝導体のリングの内部の磁束は外部の磁場が変化しても変わらない．すなわち超伝導リングを磁束が通過することはできない．しかし，図 1-11 に示すように，リングを2つに分割し，その間に絶縁体薄膜を挿入すると，量子磁束 $\Phi_0 (= h/2e = 2.07 \times 10^{-15}$ Wb, h：プランク定数，e：電子の電荷）を単位に内部に進入することができる．このとき，ジョセフソン効果により，リング内に $I \propto \cos(\pi \Phi/\Phi_0)$（$\Phi$：リング内の磁束）の電流が流れる．したがって，磁束が変化すると両端子間の電圧が Φ_0 の周期で振動する．この電圧を検出することができれば Φ_0 の感度で磁束変化を測定することが可能となる．この原理を利用した，超高感度磁束測定装置が市販されており，液体ヘリウムを必要とするなど，少し大がかりになるが，磁性研究の分野だけでなく，地磁気の測定，神経電流が発生する微小な磁場を測定する

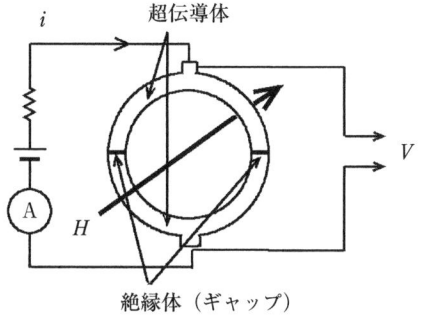

図 1-11 SQUID 磁力計の原理

ことによる医学への応用などにも使われている．また，磁場の測定だけでなく，磁性体により生じる磁束変化を測定することにより，磁気モーメントの測定も可能であり，微小磁化の測定にも用いられる．

1.5.4 核磁気共鳴法

プロトンなどの核磁気共鳴周波数 ν（$\nu = \gamma\mu_0 H/2\pi$：γ は核磁気回転比．プロトンでは $\nu\,[\mathrm{MHz}] = 42.58 \times 10\,\mu_0 H\,[\mathrm{A/m}]$ で与えられる）を測定する．一般に周波数の測定はかなり精度がよく，磁場の絶対値が高精度で求まる．かって，この方法を用い，大洋上で地球磁場を広範囲にわたって精度よく測定することにより，過去の地磁気反転による海底の残留磁化が帯状に分布することが発見され，海洋底移動説の有力な証拠となったことが知られている．

1.6 強磁性体の基本的性質

物質はそれぞれ固有の磁気的性質を示すが，磁性という舞台の主役は「強磁性」といってもいいであろう．ここでは本論に先立ち，強磁性体の基本的な性質を紹介しておく．

1.6.1 自発磁化（M_s）の存在

強磁性体にわずかな磁場をかけると，図 1-12 に示すように，大きな磁気モーメントが発生する．この過程を磁化過程とよび，その飽和値を飽和磁化という．高磁場側の磁化を磁場 0 に外挿した値は，強磁性体が本来もっている磁気モーメントの値，す

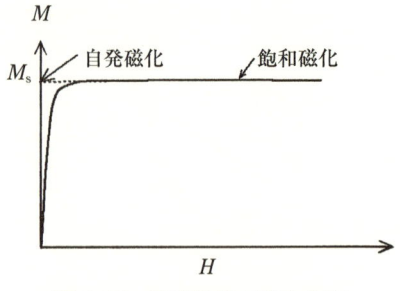

図 1-12　強磁性体の磁化曲線

なわち自発磁化（spontaneous magnetization）にほぼ等しい．多くの強磁性体では，飽和磁化の値と自発磁化の値はほとんど等しい．

1.6.2　磁区の存在と永久磁石

外部磁場がないとき，純鉄のような普通の強磁性体は磁化をもたない．これは，図1-13 に示すように，試料が異なった磁化方向をもつ領域（磁区）に分割され全体として磁化を示さないからである．磁区の境界面を磁壁とよび，磁場をかけると容易に移動する．強磁性体が弱い磁場で容易に磁化するのは磁壁移動による．しかし，不純物や析出物があると磁壁移動が阻害され飽和しにくくなる．また磁場を 0 に戻しても磁化が残る．これを残留磁化とよぶ．永久磁石は大きな残留磁化が存在する場合であり，特殊な強磁性体である．磁壁の形成や磁化過程については第 9 章で詳しく述べる．

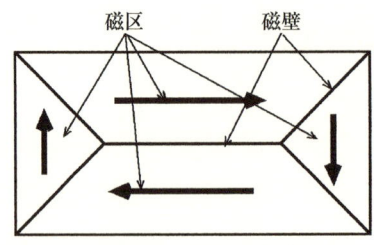

図 1-13　磁区と磁壁

1.6.3　温度の影響とキュリー(Curie)温度 T_C

強磁性体は温度を上げると図 1-14 に示すように自発磁化が減少し，ある温度で急

1.6 強磁性体の基本的性質

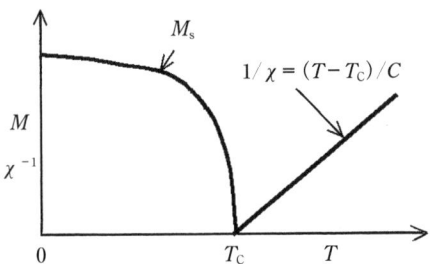

図1-14 自発磁化と逆帯磁率の温度依存性

激に0となり，それ以上の温度では磁石にくっつかなくなる．この温度をキュリー温度あるいはキュリー点とよぶ．

1.6.4 キュリー-ワイスの法則

キュリー点以上では帯磁率 χ の逆数が温度に対し直線的に変化する．これを，キュリー-ワイス（Curie-Weiss）の法則とよぶ．自発磁化や帯磁率の温度変化は第4章で紹介する分子場モデルによりうまく説明できる．

1.6.5 代表的な強磁性体

以下に代表的な強磁性体の自発磁化，キュリー温度を示しておく．

表1-4 代表的な強磁性体の磁化とキュリー温度

	飽和磁化（293 K）		飽和磁気モーメント（0 K）	キュリー温度
	[Wb/m²]	[G]	[μ_B/分子]*	[K]
Fe	2.15	1714	2.218	1043
Co	1.76	1422	1.715	1422
Ni	0.61	484	0.604	631
Gd			7.63	292
CrO_2	0.65		2.03	386
$MnFe_2O_4$	0.52		5.0	573
Fe_3O_4	0.6		4.0	858

* μ_B（$=1.165\times10^{-29}$ Wb・m）：ボーア磁子（電子の磁気モーメント，第2章参照）

1.7 ミクロに見たいろいろな磁性体

そもそも，物質の磁性は電子が回転（自転および軌道回転運動）し磁気モーメントをもつことから発生する（第2章）．したがって，HeやArなどの不活性元素を除き，自由原子は小さな磁気モーメントをもつ．しかし，原子が結合し，イオン結晶や有機化合物を含む共有結合性化合物を形成すると，軌道回転は消失し自転については回転方向の異なる電子が電子対を形成し磁気モーメントを失う．ところが，一部の遷移金属原子や希土類原子は，化合物中でも不対電子がのこり，原子が磁気モーメントをもっている．ここでは，これを原子磁石とよぶことにする．強磁性体はこの原子磁石が同一方向に整列したものに他ならないが，その他いろいろな整列の仕方があり物質の多彩な磁気的性質が発現する．ここでは，強磁性以外にどのような磁性が存在するかを原子磁石の配列の仕方という観点から紹介する．

● **強磁性**

原子磁石間に互いに平行になろうとする強い力が働き，すべての原子磁石が同一方向に向き，全体として大きな磁化をもつ．この力は，(1-4)式で与えられる原子磁石間の磁気双極子相互作用（温度にして約1Kのエネルギー）では説明できず，量子力学的な力である交換相互作用によって初めて説明できるものである．

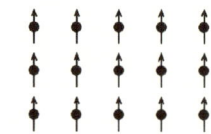

● **常磁性**

原子磁石間に働く相互作用エネルギーが十分小さい場合，熱エネルギー $k_B T$ により，磁気モーメントは空間的，時間的にばらばらとなり，自発磁化をもたない．磁場をかけると，原子磁石は磁場方向に向く傾向を示し，全体として磁気モーメントが誘起される．このとき，帯磁率は温度の逆数に比例する（$\chi = M/H = C/T$）この関係を発見者ピエール・キュリーにちなんでキュリーの法則とよぶ．鉄属遷移金属イオンを含む塩（$FeSO_4$ など）が例である．

● **反強磁性**

原子磁石が互いに逆向きに整列する場合．自発磁化はもたず，整列する温度をネール点とよび，帯磁率に図に示すようなピークが生じる．MnOなど，遷移金属の酸化物は室温以上にネール点をもつ物質が多い．

1.7 ミクロに見たいろいろな磁性体

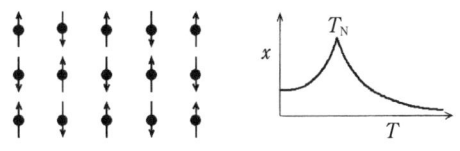

反強磁性体の帯磁率温度曲線

● **フェリ磁性**

大きさの違った原子磁石が互いに逆向きに配列する場合．原子磁石間の相互作用は反強磁性と同じだが，上向き，下向きの磁気モーメントが打ち消されず，自発磁化をもち，見かけは強磁性体．$Fe^{2+}Fe_2^{3+}O_4$（マグネタイト），フェライト磁石など．

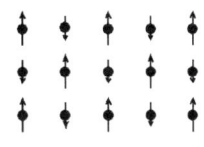

● **パウリ常磁性（金属）**

金属中の自由電子が示す磁性．帯磁率の値は一般に小さく，ほとんど温度変化しない．

● **反磁性**

構成原子が原子磁石をもたない場合．磁場をかけると内殻電子にそれを打ち消す方向に渦電流が生じ，磁場と逆方向に微小な磁気モーメントが発生する．したがって，負の小さい帯磁率を示す．大部分の無機化合物，有機化合物．

演習問題 1

1-1 図に示すように，0.1 nm 離れた位置に大きさ 1 μ_B（電子の磁気モーメント 1.165×10^{-29} Wb・m）の2つの磁気モーメントを両者を結ぶベクトルに垂直に（a）反平行，（b）平行に並べたときの磁気双極子相互作用エネルギーを求めよ．また，そのエネルギーを温度に換算すると何 K になるか？

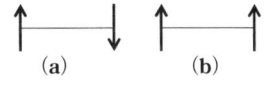

1-2 SQUID 磁力計は脳波など神経系を流れる微小電流を検出するのに使われる．
 （1） 超伝導リングの断面積 1 cm² の SQUID 磁力計から 10 cm 離れた位置で検出可能な電流はいくらか．神経索の長さは十分長いとして計算せよ．
 （2） 神経信号の伝達力（速度）は n イオン m/sec で表せる．検出可能な n を求めよ．

2. 原子の磁気モーメント

2.1 磁気モーメントの素因

　前章で，物質の磁性はミクロに見ると原子の磁気モーメントの存在とその配列に還元されることを学んだ．ここでは，その原子の磁気モーメントはどのようにして形成されるかを明らかにする．1.2節において磁気モーメントを $M = q_m l$ と，両端の磁荷×長さ，すなわち磁気双極子モーメントとして定義したが，実際には磁荷 q_m は単独では存在せず，磁荷を担う素粒子も発見されていない．現代の電磁気学では磁気モーメントの原因はすべて電子の回転運動に帰せられている．

2.1.1 電子の軌道運動による磁気モーメント

　電子の軌道運動（原子核の周りの回転運動）のつくる磁気モーメントを古典量子力学（ボーアモデル）で考える．
　電子の質量を m，軌道半径を r，接線方向の電子の速度を v とすると，古典力学での角運動量は $L = mrv$ で与えられる．一方，ボーアの条件により，許される軌道角運動量は $L = \hbar l$ なので，$rv = \hbar l/m$ となる．ここで，$\hbar$ はプランク定数$/2\pi$，l は

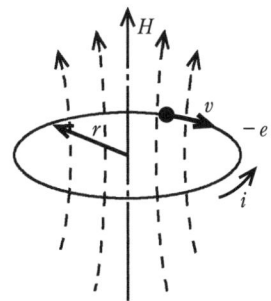

図 2-1　軌道角運動のつくる磁場

ボーアの理論では方位量子数とよばれる正整数で軌道角運動量の大きさを表す量子数（軌道量子数）である．一方，円電流の大きさは電荷 $-e$ が1秒間に軌道断面を通過する回数に等しいので，$i=-e(v/2\pi r)$ で与えられる．前章で示したように，内面積 $S(=\pi r^2)$ の円環を流れる i の電流は $\mu=\mu_0 iS$ の磁気モーメントに等価なので，電子の軌道運動に伴う磁気モーメント m_l は

$$m_l = \mu_0 iS = -\frac{\mu_0 e\pi vr^2}{2\pi r} = -\frac{\mu_0 e\hbar}{2m}l = -\mu_B l \tag{2-1}$$

と与えられ，軌道角運動量子数に比例する．比例定数 $e\hbar\mu_0/2m=\mu_B=1.165\times 10^{-29}$ [Wb·m] をボーア磁子（Bohr magneton）とよび，電子の最小の軌道角運動量（$l=1$）により生じる磁気モーメントに等しい．なお，SI単位系では，(2-1)式で μ_0 は不要で

$$\mu_B = \frac{e\hbar}{2m} = 9.274\times 10^{-24} \text{ [J/T]}$$

となる．

以上はあくまで古典論による計算であり，現在の量子力学からすると，正しい見積もり方とはいえないが，得られた結果は正しい．

2.1.2 電子の自転（スピン角運動量）に伴う磁気モーメント

電子は自転しており，スピン角運動量 $=\hbar s=\frac{1}{2}\hbar$ をもっている．s はスピン量子数とよばれ電子の場合は 1/2 である．回転する電荷はやはり磁気モーメントを伴うが，その大きさの見積もりは古典力学・電磁気学では不可能で，相対論を取り入れた量子電磁力学で初めて可能になる．その導出はこのテキストの範囲を超えており省略するが，ディラックにより，同じく $1\mu_B$ であることが示された．ここでは，電荷 $-e$，質量 m と並んで電子の基本的性質のひとつと見なしておく．

このように，電子の $l=1$ の軌道運動による磁気モーメント μ_l とスピンによる磁気モーメント μ_s はどちらも $1\mu_B$ と等しいが，角運動量そのものは軌道の場合は $\hbar$，スピンの場合は $1/2\hbar$ と異なる．したがって，磁気モーメントと角運動量子数との関係は軌道については，$\mu_l=-\mu_B l$，スピンについては，$\mu_s=-2\mu_B s$ と書ける．ここで，負符号が付くのは軌道運動の場合と同じく電子の電荷が負であるため，角運動量の方向と磁気モーメントの方向が互いに逆を向いている．比例定数 1, 2 を g 因子とよび，軌道磁気モーメントの g 因子は $g_l=1$ であり，スピン磁気モーメントの g 因子は $g_s=2$（正確には，$g_s=2.0023$）である．

なお，基底状態の水素原子は $1\,\mu_B$ の磁気モーメントをもつ．ボーア理論ではこれを軌道角運動量によると見なしていたが，シュレーディンガーの量子力学によると，水素原子の基底状態（s 軌道）の軌道角運動量は 0 であり，磁気モーメントはスピン角運動量に起因する．また，後に示すが，物質中では軌道運動は周囲の原子により妨害され，角運動量を失うことが多い．したがって，物質の磁性の主役はスピン角運動量が演じていると見なしてよい．

2.1.3 内殻電子の反磁性（Larmor の反磁性）

磁場をかけると内殻電子に誘導起電力が生じ，磁場を打ち消す方向に電流が流れ（渦電流）磁場と反対方向に小さな磁気モーメントが誘起される．この電流のつくる磁気モーメントを古典電磁気学により計算することにより内殻電子の反磁性帯磁率を計算することができる．具体的には図 2-2 に示すように，内殻電子雲を，原子核を中心軸とし磁場の方向に垂直な面上にある導電体リングの集合と考え，このリングに誘起される電流，それに等価な磁気モーメントの和を計算すればよい．計算は少し煩雑なので付録 A に示し，結果のみを書くと，1 モル当たりの比反磁性帯磁率は

$$\bar{\chi}_{\text{dia}} = N\frac{\mu_{\text{dia}}}{\mu_0 H} = -N\frac{\mu_0 Z e^2}{6m}\langle r^2 \rangle \tag{2-2}$$

となる．ここで，Z は原子番号，N はアボガドロ数であり，$\langle r^2 \rangle \approx 10^{-20}\,\text{m}^2$ とすると，$\bar{\chi}_{\text{dia}} \approx -Z \times 10^{-11}$ と概略値が見積もられる．この値は後述の軌道およびスピン角運動量から期待される帯磁率に比べ約 1 桁小さい．しかし大部分の物質は両角運動量

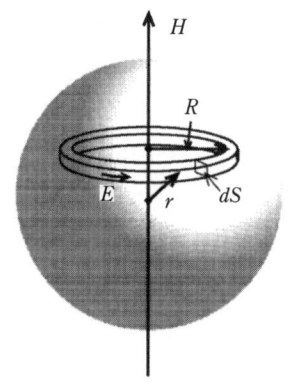

図 2-2 内殻電子に流れる渦電流

の寄与がないので，反磁性を示す．

2.2　角運動量の量子力学とベクトルモデル

2.2.1　古典力学における角運動量

前節で示したように，磁気モーメントは電子の回転運動により生じるものであり，角運動量と比例関係にある．電子の角運動量は量子力学で取り扱わねばならないが，初めに古典力学における角運動量について，回転する質点と剛体の回転運動の復習をしておく．

（1）原点の周りを速度 v で回転する質量 m の質点の角運動量

質点の位置座標を r とすると角運動量は $\boldsymbol{L}=\boldsymbol{r}\times m\boldsymbol{v}=\boldsymbol{r}\times\boldsymbol{p}$ と質点の位置ベクトルと運動量ベクトルの外積で与えられるベクトルである．

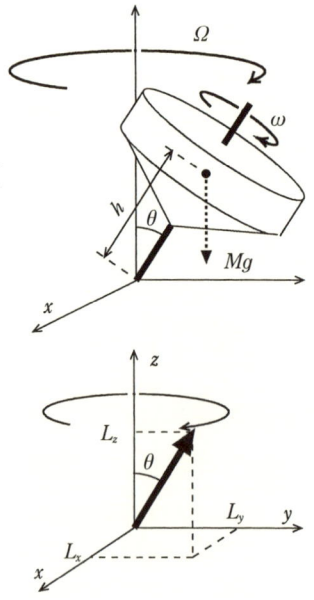

図 2-3　重力下でのコマの運動（下図は角運動量をベクトルで表したもの）

2.2 角運動量の量子力学とベクトルモデル

(2) 回転する剛体の角運動量(コマの歳差運動)

回転軸が鉛直方向から θ 傾いた質量 M のコマの運動を考える．慣性モーメント I のコマが角速度 ω で回転しているとき，その角運動量は $L=I\omega$ で回転軸方向に向いたベクトルで表せる．重力 Mg が作用しているとコマを倒そうとする回転力（トルク）が働き，コマは歳差運動（首振り運動）をする．摩擦による回転数の減衰が無視できる場合，角運動量の z 成分は一定で，x，y 成分が変化する．コマの重力による位置エネルギーは $U=gMh\cos\theta$ で一定に保たれる．後に示すように，原子磁気モーメントは角運動量を伴い，磁場をかけると図 1-3 で示した回転力を受けるが棒磁石の場合と異なりやはり磁場方向を回転軸とする歳差運動をする．

2.2.2 角運動量の量子力学とベクトルモデル

古典力学における角運動量はその大きさや方向に何ら制限はなかったが，電子の回転による角運動量は量子力学の支配する世界であり，z 方向成分は任意の値を取り得ず，また x，y 成分は不確定である．以下に電子の角運動量についての量子力学的取り扱いを説明する．なお，本章の以下の部分および次章はシュレーディンガー流の量子力学の習得を前提としており，少し難しいかもしれないが磁性の基礎となる部分であり比較的詳しく書いておく．100％理解していなくとも以降の章を読み進めることは可能であるが，少なくとも原子磁気モーメントのベクトルモデルと古典論での磁気モーメントの違い，交換相互作用が磁気的な相互作用でなくパウリの原理を取り入れた電子間の静電相互作用に起因することはイメージとしてつかんでおいてほしい．

(1) 軌道角運動量

量子力学においては任意の物理量に対して演算子（$\mathscr{A}$ とする）が定義され，それを波動関数 $\varPhi$ に作用させることにより $\varPhi$ で表せる状態にある電子の物理量を求めることができる．このとき固有方程式 $\mathscr{A}\varPhi=a\varPhi$（$a$：定数）が成り立つときのみ，その状態に対応する物理量（固有値）は正確に定まる．すなわち，何度観測してもいつも同じ値 a が得られる．それに対し，固有方程式が成り立たない場合はその物理量は正確に定まらない．すなわち，その量を観測するごとに異なった値が得られる．ただし，その平均値は

$$\langle \mathscr{A} \rangle = \frac{\iiint \varPhi^* \mathscr{A} \varPhi \, dxdydz}{\iiint \varPhi^* \varPhi \, dxdydz} \tag{2-3}$$

で与えられる．ここで，$\varPhi$ が規格化された関数であれば当然，分母＝1 である．

簡単な例として x 方向に運動する自由電子についてみると，x 方向への運動量の演算子は $p_x=\dfrac{\hbar}{i}\dfrac{\partial}{\partial x}$, これを波数 k の自由電子の波動関数 Ae^{ikx} に作用させると

$$p_x\varphi(x)=\frac{\hbar}{i}\frac{\partial}{\partial x}(Ae^{ikx})=k\hbar Ae^{ikx}=k\hbar\varphi(x) \tag{2-4}$$

となり，この状態の運動量の固有値が $p_x=k\hbar$ であることがわかる．一方，1辺 L の箱の中の電子の波動関数 $\varphi(x)=A\sin\left(\dfrac{\pi}{L}nx\right)$ に作用させると

$$p_x\varphi(x)=\frac{\hbar}{i}\frac{\partial}{\partial x}\left\{A\sin\left(\frac{\pi}{L}nx\right)\right\}=\frac{\hbar}{i}\frac{A\pi n}{L}\cos\left(\frac{\pi}{L}nx\right) \tag{2-5}$$

と固有方程式は成り立たない．しかし，その平均値を計算すると，容易に $\langle p_x\rangle=0$, すなわち平均の運動量が 0 であることが証明できる．

角運動量の演算子は，古典力学における角運動量の定義 $\boldsymbol{L}=\boldsymbol{r}\times\boldsymbol{p}$ において，運動量 $\boldsymbol{p}$ を演算子 $\boldsymbol{p}=p_x\hat{\boldsymbol{x}}+p_y\hat{\boldsymbol{y}}+p_z\hat{\boldsymbol{z}}=\left(\dfrac{\hbar}{i}\dfrac{\partial}{\partial x}\right)\hat{\boldsymbol{x}}+\left(\dfrac{\hbar}{i}\dfrac{\partial}{\partial y}\right)\hat{\boldsymbol{y}}+\left(\dfrac{\hbar}{i}\dfrac{\partial}{\partial z}\right)\hat{\boldsymbol{z}}$ に置き換えることにより

$$\begin{aligned}\hbar\boldsymbol{l}=\boldsymbol{r}\times\boldsymbol{p}&=(yp_z-zp_y)\hat{\boldsymbol{x}}+(zp_x-xp_z)\hat{\boldsymbol{y}}+(xp_y-yp_x)\hat{\boldsymbol{z}}\\&=\hbar(l_x\hat{\boldsymbol{x}}+l_y\hat{\boldsymbol{y}}+l_z\hat{\boldsymbol{z}})\end{aligned} \tag{2-6}$$

で与えられる．ここで，角運動量の演算子を無次元量とするため両辺に $\hbar$ をかけておく．以下では，$\hbar$ を省略した無次元量を角運動量とよぶが，実際の角運動量の大きさはこれに $\hbar$ をかけたものであることに注意しておこう．

導出は省略するが，極座標系 (r, θ, ϕ) に変換すると

$$l_x=\frac{1}{i}\left(-\sin\phi\frac{\partial}{\partial\theta}-\cot\theta\cos\phi\frac{\partial}{\partial\phi}\right) \tag{2-7 a}$$

$$l_y=\frac{1}{i}\left(\cos\phi\frac{\partial}{\partial\theta}-\cot\theta\sin\phi\frac{\partial}{\partial\phi}\right) \tag{2-7 b}$$

$$l_z=\frac{1}{i}\frac{\partial}{\partial\phi} \tag{2-7 c}$$

となり，特に z 方向成分は容易に計算できる．

（2） 水素様原子の軌道角運動量
（ i ） z 方向成分
水素様原子の波動関数は極座標系でのシュレーディンガー波動方程式において，ポ

テンシャルを $V(r)=-\dfrac{Ze^2}{4\pi\varepsilon_0 r}$ と置いて求められ，次式で与えられる[2]．

$$\Phi_{nlm}(\boldsymbol{r}) = R_{nl}(r) Y_l^m(\theta, \phi) \tag{2-8}$$

ここで，n は主量子数，l は方位量子数，m は磁気量子数（$|m| \leq l$）とよぶ．$R_{nl}(r)$ は動径関数であり，角度分布は球面調和関数 $Y_l^m(\theta, \phi) = A_{lm} P_l^m(\cos\theta) e^{im\phi}$ で与えられる．A_{lm} は規格化定数であり，$A_{lm} = (\mp)^m (1/\sqrt{2\pi}) \sqrt{(2l+1)(l-|m|)!/2(l+|m|)!}$ で与えられる（複号は $m>0$ に対して $-$，$m<0$ に対して $+$）．$P_l^m(\cos\theta)$ はルジャンドル（Legendle）の陪関数という特殊関数であり，具体的には

$P_0 = 1$（s 波動関数），$P_1^0 = \cos\theta$，$P_1^{\pm 1} = \sin\theta$（p 波動関数）

$P_2^0 = 1/2(3\cos^2\theta - 1)$，$P_2^{\pm 1} = 3\sin\theta\cos\theta$，$P_2^{\pm 2} = 3\sin^2\theta$（$d$ 波動関数）

で与えられる．

水素様原子の波動関数 (2-8) について，角運動量の z 方向成分を調べると

$$\begin{aligned} l_z \Phi_{nlm}(\boldsymbol{r}) &= \frac{1}{i} \frac{\partial}{\partial \phi} [R_{nl}(r) A_{lm} P_l^m(\cos\theta) \exp(im\phi)] \\ &= m[R_{nl}(r) A_{lm} P_l^m(\cos\theta) \exp(im\phi)] \\ &= m \Phi_{nlm}(\boldsymbol{r}) \end{aligned} \tag{2-9}$$

が成り立ち，$\Phi_{nlm}(\boldsymbol{r})$ は l_z の固有状態であることがわかる．すなわち，いつ観測しても固有値 m が得られる．

それに対し，x 成分を調べると $l_x \Phi_{nlm}(\boldsymbol{r}) \neq C \Phi_{nlm}(\boldsymbol{r})$（$C$：定数）であり，$\Phi_{nlm}(\boldsymbol{r})$ は l_x の固有関数ではなく，角運動量の x 成分は定まらない．

(ⅱ) x, y 成分（昇降演算子による角運動量成分の計算）

x, y 方向成分の計算は少し面倒なので，$l_+ = l_x + il_y$，$l_- = l_x - il_y$ なる演算子を定義する．そうすると，球面調和関数の性質により

$$l_+ Y_l^m(\theta, \phi) = \sqrt{(l-m)(l+m+1)}\, Y_l^{m+1}(\theta, \phi) \tag{2-10 a}$$

$$l_- Y_l^m(\theta, \phi) = \sqrt{(l+m)(l-m+1)}\, Y_l^{m-1}(\theta, \phi) \tag{2-10 b}$$

$$l_z Y_l^m(\theta, \phi) = m Y_l^m(\theta, \phi) \tag{2-10 c}$$

$$-l \leq m \leq l$$

が一般的に成立する．このように，演算子 l_+（l_-）は m が 1 つ大きい（小さい）状態に変換する演算子であり，昇降演算子とよばれる．この関係式を使い，l_x, l_y を計算する．このとき，動径関数 $R_{nl}(r)$ は θ, ϕ の微分に対しては定数と見なせるので省略する．$Y_l^m(\theta, \phi)$ に l_x を作用させると

$$l_x Y_l^m = \frac{1}{2}(l_+ + l_-) Y_l^m = \frac{1}{2}[\sqrt{(l-m)(l+m+1)}\, Y_l^{m+1} + \sqrt{(l+m)(l+m-1)}\, Y_l^{m-1}]$$

となり，$m\pm1$ の状態の和で表せる．状態 Φ_{nlm} に対する l_x の平均値は (2-3) 式を適用し，$\langle l_x \rangle = \iint Y_l^{m*} l_x Y_l^m \sin\theta d\theta d\phi$ を計算すればよい．球面調和関数の積分定理

$$\iint Y_l^{m*}(\theta,\phi) Y_{l'}^{m'}(\theta,\phi) \sin\theta d\theta d\phi = \delta_{ll'}\delta_{mm'} \tag{2-11}$$

を使えば容易に $\langle l_x \rangle = 0$ となることがわかる．同様に，$\langle l_y \rangle = 0$ も成り立つ．

(iii) 角運動量の大きさ（絶対値の 2 乗）

上に示したように，量子力学における角運動量の z 成分は常に一定であるが，x, y 成分は不定であり，平均値は 0 となる．このとき，図 2-3 に示した古典的な角運動量ベクトルと異なり z 成分が最大値 l（コマの場合は $\theta=0$ のとき）をとる場合も x, y 成分は完全には 0 でなく揺らいでいる．これは角運動量に関する不確定性原理による．したがって，角運動量の絶対値（ベクトルの長さ）は l より大きいことが予測される．これを調べるため，各成分の 2 乗の和を昇降演算子法により計算する．

$$l^2 = l_x^2 + l_y^2 + l_z^2 = \frac{1}{2}(l_+ l_- + l_- l_+) + l_z^2 \tag{2-12}$$

より

$$l^2 Y_l^m(\theta,\phi) = l(l+1) Y_l^m(\theta,\phi) \tag{2-13}$$

となり $Y_l^m(\theta,\phi)$ は演算子 l^2 の固有状態であり，固有値は $l(l+1)$ となる．いいかえれば，角運動量の絶対値（ベクトルの長さ）は $\sqrt{l(l+1)}\hbar$ と考えてよい．

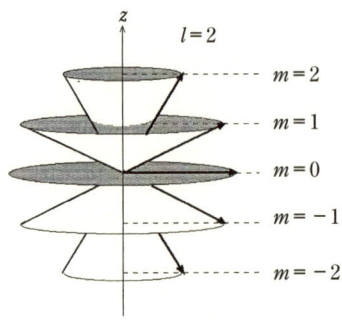

図 2-4 角運動量のベクトルモデル（矢印は角運動量ベクトルを表すがその位置は円錐面のどこにあるかわからない．古典論の場合は角周波数 $\Omega = -\gamma\mu_0 H$ でラーモアの歳差運動をする）

2.2 角運動量の量子力学とベクトルモデル

以上をまとめると,水素様原子の軌道(2-8)は絶対値 $\sqrt{l(l+1)}\hbar$, z 方向成分 $m\hbar$ ($-l \leq m \leq l$)が決まった値をもつ角運動量の固有状態であり,x, y 成分は不定でその平均値は 0 である.この様子を図2-4のような模式図で表すことがある.これを角運動量のベクトルモデルとよぶ.第3章以後では角運動量やそれに伴う磁気モーメントを演算子としてではなく,ベクトルとして取り扱うことが多いが,これは古典的なベクトルではなく上記のような性質を備えたベクトルであることに注意してほしい.

(3) 一般的な角運動量とスピン角運動量

(量子力学を習熟していない人は読み飛ばしてもよい)

軌道角運動量の場合,l は正整数であり,磁気量子数 m は $+l$ から $-l$ まで $2l+1$ 個の状態を取りうる.いいかえれば,磁気量子数 m は正負対称でかつ $\Delta m = 1$ の間隔でなければならない.このような条件は l が整数のときだけでなく,半整数 $1/2, 3/2, 5/2 \cdots$ についても可能であり,関係式(2-10)を満足する状態が考えられる.しかし,半整数の固有値をもつ波動関数は存在せず,微分演算子である角運動量演算子の定義(2-7)は使えない.古典力学において角運動量は軌道回転運動の場合だけでなく剛体の回転の場合にも定義できたように,量子力学でも電子の自転に伴う角運動量を表すためにはより一般的な状態関数と角運動量の定義が必要である.

ここで,角運動量の演算子と状態関数間の関係式(2-10)に注目する.ここでは,微分演算子と波動関数の角度部分の間の関係式になっているが,角運動量やその成分を計算するとき,波動関数の空間的な分布は知る必要はなく,その状態を表す量子数 l と m がわかれば十分であり,あえて微分や積分計算を実行する必要はなく,関係式(2-10)を使えば角運動量の固有値や平均値は計算できる.そこで,状態を表す関数は $Y_l^m(\theta, \phi)$ の代わりに,より一般的な角運動状態を表す状態関数 χ_{jm} を考え,関係式(2-10)を角運動量演算子と回転状態の定義式と考える.すなわち,方位量子数 l の代わりに半整数も含むより一般的な角運動量の量子数 j, その z(磁場方向)成分の量子数 m をもつ状態関数 χ_{jm} を定義すればよい.さらにここでは,χ_{jm} の代わりにディラック流の量子力学に使われるブラ,ケット表示 $\langle j, m |, | j, m \rangle$ を援用する.少し抽象的になったが,j が正整数すなわち軌道角運動量の場合は $|j, m\rangle \equiv Y_j^m(\theta, \phi)$ と球面調和関数に対応し,半整数であるスピン角運動量については空間座標の波動関数で表すことはできない.しかし,ブラ,ケット間の直交関係式

$$\langle j, m | j', m' \rangle = \delta_{jj'} \delta_{mm'} \tag{2-14}$$

が，球面調和関数の直交関係式(2-11)に対応すると考えておけばスピン角運動量を含むすべての角運動量に係わる量子力学的計算が可能となる．

このような表示を使い，(2-10)に対応する関係式

$$j_z|j,m\rangle = m|j,m\rangle \tag{2-15 a}$$

$$j_+|j,m\rangle = \sqrt{(j-m)(j+m+1)}\,|j,m+1\rangle \tag{2-15 b}$$

$$j_-|j,m\rangle = \sqrt{(j+m)(j-m+1)}\,|j,m-1\rangle \tag{2-15 c}$$

を一般的な角運動量の定義式と見なすことができる．ここで，状態 $|j,m\rangle$ は全角運動量が $\sqrt{j(j+1)}\hbar$，その z 成分が $m\hbar$ の回転状態を表す．そして，これらの関係式を満たす演算子 j_z, j_+, j_- を角運動量演算子の定義とする．このとき，l の場合と同様に

$$j_x = \frac{1}{2}(j_+ + j_-), \quad j_y = \frac{1}{2i}(j_+ - j_-)$$

$$\boldsymbol{j}^2 = j_x^2 + j_y^2 + j_z^2 = \frac{1}{2}(j_+ j_- + j_- j_+) + j_z^2 \tag{2-16}$$

の関係式が成り立ち，したがって，(2-13)式に対応して

$$\boldsymbol{j}^2|j,m\rangle = j(j+1)|j,m\rangle \tag{2-17}$$

が成り立ち，$|j,m\rangle$ が j_z の固有状態であると同時に，全角運動量 $\boldsymbol{j}^2$ の固有状態でもあることがわかる．また，$j_+|j,j\rangle = 0$, $j_-|j,-j\rangle = 0$ であり，m の取りうる範囲は，$m = -j, -j+1, \cdots, j-1, j$ の $2j+1$ 個に限られる．

● 電子のスピン角運動量

電子はそれ自身自転しており角運動量をもっている．この場合，回転方向の異なる2つの状態しか取り得ず，$j = 1/2$ の場合に相当し，習慣的に j の代わりに s で表す．スピン状態関数は習慣的に

$$\alpha = \left|\frac{1}{2}, \frac{1}{2}\right\rangle : \quad +(\text{または Up}) \text{ スピン状態}$$

$$\beta = \left|\frac{1}{2}, -\frac{1}{2}\right\rangle : \quad -(\text{または Down}) \text{ スピン状態}$$

と定義される．これに(2-15 a)の関係式を適用すると

$$s_z \alpha = \frac{1}{2}\alpha, \quad s_z \beta = -\frac{1}{2}\beta$$

$$\boldsymbol{s}^2 \alpha = \frac{3}{4}\alpha, \quad \boldsymbol{s}^2 \beta = \frac{3}{4}\beta$$

$$s_+ \alpha = 0, \quad s_+ \beta = \alpha, \quad s_- \alpha = \beta, \quad s_- \beta = 0$$

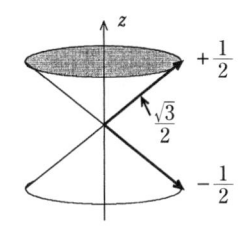

図2-5 スピン角運動量のベクトルモデル

となり，電子スピン角運動量は，絶対値 $\frac{\sqrt{3}}{2}\hbar$，z 方向成分 $\pm\frac{1}{2}\hbar$ をもつ．したがって，ベクトル模型は図2-5で表せる．なお，＋スピン状態を↑，－スピン状態を↓と表すこともある．

（4） その他の角運動量

慣習的に1個の電子の軌道角運動量は l，スピン角運動量は s，軌道角運動量とスピン角運動量の和（全角運動量，後述）を j，複数電子の合成角運動量はそれぞれ大文字で L, S, J，原子核のスピン角運動量を I で表す．ただし，これらは無次元量であり，角運動量の大きさはこれらに $\hbar$ をかけたものである．

2.3 鉄属遷移金属イオンの電子構造と磁気モーメント

前節で示したように，電子はそれ自身磁気モーメントをもつ．しかし，世の中に存在する大部分の物質は原子核と電子でできているにもかかわらず反磁性であり，原子磁気モーメントをもたない．その理由は，まず原子の内殻軌道は各々2個のスピン方向の異なる電子が占有し（パウリの禁律）スピン角運動量，ひいては磁気モーメントは打ち消しあう．また外殻電子，すなわち価電子はイオン結晶をつくることにより閉殻に収容されてしまうか，他原子と共有結合をつくり，結合軌道を＋スピン，－スピンの電子対が占有し，やはり磁気モーメントは打ち消されてしまう．ただ，完全には満たされていない d 軌道をもつ遷移金属原子，あるいは f 軌道をもつ希土類金属原子の場合，d 軌道や f 軌道に入った電子は共有結合やイオン化に寄与せず，化合物をつくっても磁気モーメントが打ち消されず残る場合が多い．この場合，一般に複数の電子が d 軌道や f 軌道に存在し，それらの電子間に働く相互作用により角運動量

が結合し1つの原子内では一体となり大きな角運動量, ひいては原子磁気モーメントをもつ. これが, 第1章で示した, 「なぜ物質が強磁性になるには鉄属遷移金属を含むことが必要条件となるのか？」という疑問に対しての解答でもある.

2.3.1 フントの規則と合成角運動量

ここでは, 内殻電子と$3d$（または$4f$）電子からなる自由原子イオンのもつ角運動量とそれに伴う磁気モーメントの大きさを調べる. なお, 自由原子イオンとしたのは, d電子の感じるポテンシャルがその原子の原子核と内殻電子によるもののみを考え, 結晶内に存在する他原子（イオン）からの静電ポテンシャルの影響は受けないとする. すなわち, 電子は球対称ポテンシャルのみを感じ, $3d$軌道（$l=2$）は5重（$2l+1=5$）に, $4f$軌道（$l=3$）は7重（$2l+1=7$）に縮退（同一のエネルギーをもつ状態が複数存在する）している場合について成り立つ話であることに注意しておこう. 実際の結晶中では周りのイオンからのポテンシャル（結晶場）の影響を受けるので縮退が解け軌道角運動が大きく影響されるが, このことは次章で結晶場の影響として改めて論じる.

はじめに, 最も簡単な例として, $3d$電子を2個もつTi^{2+}イオンを例に取り考える. Ti原子の電子配置は $[1s^2\,2s^2\,2p^6\,3s^2\,3p^6]\,3d^2\,4s^2$ である. ここで, [　]内はアルゴン閉殻である. Ti^{2+}イオンは$4s^2$電子が放出され, アルゴン閉殻外に2個のd電子が価電子として存在する. その様子を図2-6に示す.

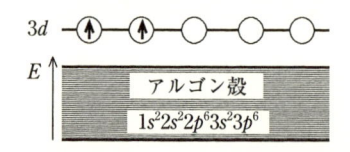

図2-6 Ti^{2+}イオンの電子配置（5つのd軌道は磁気量子数$m=0$, ±1, ±2 または d_{xy}, d_{yz}, d_{zx}, $d_{x^2-y^2}$, d_{z^2} で区別される（具体的な関数形は3.2.3節参照））

d軌道は5個あり, 各軌道に2個, 計10個の電子が収容できる. それらの軌道は縮退しているので, 2個の電子のスピン方向は, 同一軌道へ入る場合はパウリの禁律により↑↓ペアとして, 異なった軌道へ入るときは↑↑, ↑↓のどちらでも入りうる. 実際にどのような入り方をするかについて, フント（Hund）は原子スペクトルの解析から, 縮退のある電子軌道に複数の電子が収容されるときに成り立つ以下のような

経験則を見いだした.

（1） パウリの禁律の許す限り，電子スピンは平行になろうとする（第1則）.

（2） どの軌道（$m=0, \pm1, \pm2$）を占めるかについては，m の和（$=L$）が最大になるように入る（第2則）.

Ti^{2+} の場合，2個の d 電子は $m=2$, $m=1$ の軌道にスピン平行で入り，$S=1/2+1/2=1$ の合成スピン角運動量，$L=2+1=3$ の合成軌道角運動量をもつ.

2.3.2 フントの規則の原因（交換相互作用）

フントの規則は経験的に導かれたものであるが，その第1則は電子間の交換力によって説明できる．交換力はフントの規則の原因のみならず，原子磁気モーメント間の相互作用の起因としても重要で，物質の磁性を理解するキーワードともいえる．ただ，これは電子の基本的性質が関わる量子力学的な力で，これが磁性の理解を難しくしている原因ともいえる．

その基本的性質とは「パウリの原理」といわれるもので，2個の電子が存在している場合その"2電子波動関数は粒子の入れ替えに対して反対称（波動関数の符号のみが変わる）でなければならない"というものである．これだけではよくわからないと思うが，その具体的な表現の1つは"1つの軌道（波動関数）には+スピン，-スピンの2個の電子しか入らない"すなわち，「パウリの禁律」としてよく知られているものである．交換力の原因は，もう1つの表現である"同一スピン方向をもつ2個の電子は同じ位置を占めることができない"というものである．イメージとしては図2-7に示すように，同一スピン電子が運動するときは互いに避け合って運動するといってもいいであろう．それに対して，逆向きスピンの電子の場合は互いに衝突することも許されている．一方，2つの電子はクーロン力によって反発しておりポテンシャルエネルギーが高い状態にあるが，同一方向スピンの場合，近接する確率が，逆方向スピンに比べ低いため，クーロンエネルギーの損が少なくなる．いわば，電子間の有効クーロン反発力が平行スピン電子間と反平行スピン電子間で異なるといっていいで

図 2-7 平行，反平行スピン電子の運動（平行スピンの場合互いに避け合って運動する（交換力の原因）．ただし，避け合うのは反発力によるのではなく波動関数の性質に由来するものであることに注意）

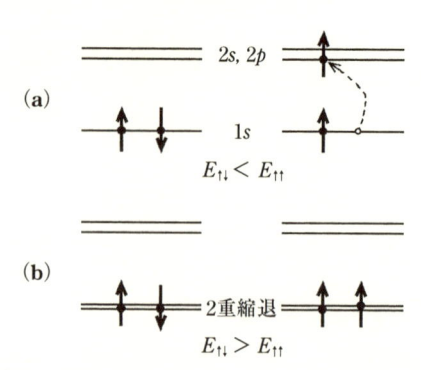

図 2-8 （a）基底状態に縮退がない場合と，（b）2重縮退がある場合の2個の電子の入り方（縮退がある場合は異なった軌道を同一スピン方向の電子が占有した方がエネルギーは低い）

あろう．これによって生じるエネルギーの差が「交換エネルギー」であり，スピンが同一方向に向こうとする力の原因となる．化学結合の理論などを学んでいると，電子は逆スピンでペアをつくる方が安定だと思っている人も多いと思うがこれは，基底状態に縮退がない場合，パウリの禁律によりやむを得ず逆スピン対をつくるのであり（図2-8(a)），基底状態が縮退している，あるいは近接したエネルギー準位がある場合は異なった軌道を同一スピン方向の電子が占有した方がエネルギーは低い（図2-8(b)）．なお，有効クーロン反発力の差により，原子核の正電荷に対するお互いの遮蔽効果が変化し，$3d$ 電子が感じる原子核の有効正電荷が，反発力の弱い平行スピンの場合の方が大きくなりこれがフントの第1則の原因としてより重要であるという指摘もある．実際にどちらがより大きなエネルギー差を与えるかはそれぞれの原子について数値計算をしなければわからない．

なお，フントの第2則については，やはり，クーロンエネルギーの差が原因と考えられているが定性的な説明は与えられていない．

2.3.3　交換相互作用の量子力学

（量子力学を習熟していない人は読み飛ばしてもよい）

前節で定性的に説明した交換相互作用についてパウリの原理に基づきもう少し詳しく説明しておく．

パウリの原理とは "多電子系の（スピンを含めた）波動関数は電子の入れ替えに対

2.3 鉄属遷移金属イオンの電子構造と磁気モーメント

し反対称である"というものである．すなわち，多電子系の波動関数を $\Phi(\tau_1, \tau_2, \cdots, \tau_N)$ とすると

$$\Phi(\tau_1, \tau_2, \tau_3, \cdots, \tau_N) = -\Phi(\tau_2, \tau_1, \tau_3, \cdots, \tau_N) \tag{2-18}$$

でなければならない．ここで，τ_i は i 番目の電子の空間座標 r_i とスピン座標 σ_i を表す．簡単のため2個の電子の場合について考える．$\phi_1(r)$，$\phi_2(r)$ を縮退した2つの軌道関数とする．以下では，$\phi_j(r_i)$ は電子 i が ϕ_j 軌道にあることを表す．一方，スピン関数は

$$\chi(\sigma) = \begin{cases} \alpha(1): \text{電子1が+スピン} \\ \beta(1): \text{電子1が-スピン} \\ \alpha(2): \text{電子2が+スピン} \\ \beta(2): \text{電子2が-スピン} \end{cases} \tag{2-19}$$

と定義される．2電子波動関数 $\Phi(\tau_1, \tau_2)$ は個々の電子の軌道関数とスピン関数の積で表せるが，パウリの原理を満たすため以下の4つの場合がある（ハートリー-フォック近似）．

1重項状態：軌道関数対称，スピン関数反対称（$S=0$）

$$^1\Phi_0 = \frac{1}{2}\{\phi_1(r_1)\phi_2(r_2) + \phi_2(r_1)\phi_1(r_2)\}\{\alpha(1)\beta(2) - \beta(1)\alpha(2)\} \quad \text{スピン}(\uparrow\downarrow) \tag{2-20}$$

3重項状態：軌道反対称，スピン対称（$S=1$）

$$S_z=1: \quad ^3\Phi_1 = \frac{1}{\sqrt{2}}\{\phi_1(r_1)\phi_2(r_2) - \phi_2(r_1)\phi_1(r_2)\}\alpha(1)\alpha(2) \quad (\uparrow\uparrow) \tag{2-21a}$$

$$S_z=0: \quad ^3\Phi_0 = \frac{1}{2}\{\phi_1(r_1)\phi_2(r_2) - \phi_2(r_1)\phi_1(r_2)\}\{\alpha(1)\beta(2) + \beta(1)\alpha(2)\} \quad (\rightarrow\rightarrow)$$

$$\tag{2-21b}$$

$$S_z=-1: \quad ^3\Phi_{-1} = \frac{1}{\sqrt{2}}\{\phi_1(r_1)\phi_2(r_2) - \phi_2(r_1)\phi_1(r_2)\}\beta(1)\beta(2) \quad (\downarrow\downarrow) \tag{2-21c}$$

これらの式からわかることは

（1）同一の軌道にはスピン反平行にしか入れない（パウリの禁律）．なぜなら，$\phi_1=\phi_2$ であれば，$^1\Phi_0$ のみ0でない．

（2）スピン平行の2つの電子は同時に同じ位置を占めることができない．なぜなら，$r_1=r_2$ のとき，$^3\Phi_m=0$ となる．

（2）より，電子間に働くクーロン反発エネルギーは↑↑対より↑↓対の方が大きくなる．具体的に(2-20)，(2-21)の波動関数についてクーロン反発エネルギー E_c を計算すると

$$E_c = \iint_{r_1, r_2} {}^M\Phi_m^* \frac{e^2}{4\pi\varepsilon_0 |r_1 - r_2|} {}^M\Phi_m dr_1 dr_2$$

$$= \frac{1}{2} \iint \{\phi_1^*(r_1)\phi_2^*(r_2) \pm \phi_2^*(r_1)\phi_1^*(r_2)\} \frac{e^2}{4\pi\varepsilon_0 r_{12}}$$

$$\times \{\phi_1(r_1)\phi_2(r_2) \pm \phi_2(r_1)\phi_2(r_2)\} dr_1 dr_2$$

$$= \iint \phi_1^*(r_1)\phi_2^*(r_2) \frac{e^2}{4\pi\varepsilon_0 r_{12}} \phi_1(r_1)\phi_2(r_2) dr_1 dr_2 \quad [クーロン積分:K]$$

$$\pm \iint \phi_1^*(r_1)\phi_2^*(r_2) \frac{e^2}{4\pi\varepsilon_0 r_{12}} \phi_2(r_1)\phi_1(r_2) dr_1 dr_2 \quad [交換積分:J_{ex}] \quad (2\text{-}22)$$

$$= K \pm J_{ex} \quad (2\text{-}23)$$

となる．ここで，複号はスピン ↑↓ のとき＋，↑↑，→→，↓↓ のとき－をとる．また，$r_{12} = |r_1 - r_2|$ である．

K は $\iint \rho_1(r_1) \frac{e^2}{4\pi\varepsilon_0 r_{12}} \rho_2(r_2) dr_1 dr_2$ と書け，波動関数 ϕ_1，ϕ_2 状態の電子密度分布についてのクーロン反発エネルギーの平均値であり常に正の値をとる．J_{ex} は右側の波動関数で 1, 2 を交換した積分であり交換積分とよばれる．ϕ_1，ϕ_2 が直交関数であれば常に正の値をとる．

交換エネルギーは

$$2J_{ex} = [↑↓ 対のクーロンエネルギー] - [↑↑ 対のクーロンエネルギー] \quad (2\text{-}24)$$

であり，原子内の波動関数は常に直交関数であるので正の値をとる．

2.3.4 スピン軌道相互作用

電子の軌道運動がつくる磁場はその電子自身のスピン磁気モーメントに影響し相互作用が生じる．その大きさを見積もるため，いわば天動説の立場に立ち，電子（地球）の周りを $+eZ$ の核電荷（太陽）が回転していると見なし，その回転電流が中心の電子の位置につくる磁場 H_l と電子スピン磁気モーメント $\boldsymbol{\mu}_s = -g\mu_B \boldsymbol{s} = -\frac{\mu_0 e\hbar}{m}\boldsymbol{s}$ 間の相互作用エネルギー $E_{ls} = -H_l \mu_s$ を計算する．H_l は Biot-Savart の法則より，$H_l = \frac{Ze}{4\pi} \frac{\boldsymbol{r} \times \boldsymbol{v}}{r^3} = \frac{Ze\hbar}{4\pi m} \frac{1}{r^3} \boldsymbol{l}$ で与えられるので

$$\mathcal{H}_{ls} = \frac{\mu_0 Ze^2 \hbar^2}{4\pi m^2} \frac{1}{r^3} \boldsymbol{l} \cdot \boldsymbol{s}$$

となる．より正確な計算は相対論効果を取り入れた量子力学で行う必要があり，結果を示すと

2.3 鉄属遷移金属イオンの電子構造と磁気モーメント

$$\mathcal{H}_{ls} = \frac{1}{8\pi} Z_{\text{eff}} \frac{\mu_0 e^2 \hbar^2}{m^2} \left\langle \frac{1}{r^3} \right\rangle \boldsymbol{l} \cdot \boldsymbol{s} = \zeta \boldsymbol{l} \cdot \boldsymbol{s} \tag{2-25}$$

となる．因子 1/2 は相対論的補正であり，Z_{eff} は内殻電子の遮蔽効果を取り入れた有効核電荷，$\left\langle \frac{1}{r^3} \right\rangle$ は $1/r^3$ を波動関数について平均したものである．その結果，軌道角運動量とスピン角運動量が結合し（ls 結合）全角運動量 j が形成される．このとき，$\zeta > 0$ なので，両角運動量は逆向きに結合し，$j = l - \frac{1}{2}$ となる．

2.3.5 多電子系のスピン軌道相互作用と全角運動量 J

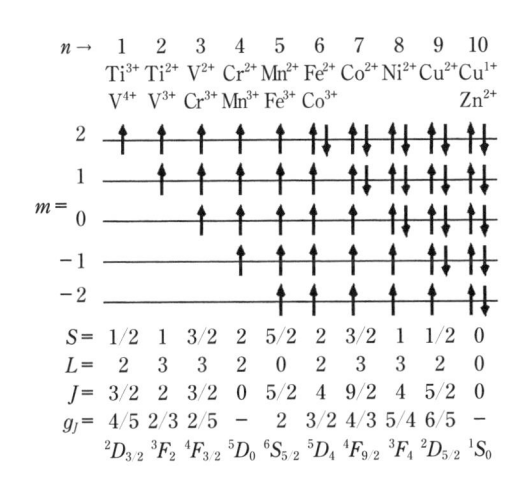

スピン軌道相互作用は磁気的相互作用であり，静電相互作用であるフント結合より弱く，縮退した軌道にある複数個の電子は，始めにフントの規則により合成スピン角運動量 $S = \sum s_i$，合成軌道角運動量 $L = \sum l_i$ をつくり，それらが結合し，全角運動量 $J = L + S$ をつくる．L と S 間の結合エネルギーは，$\mathcal{H}_{LS} = \lambda \boldsymbol{L} \cdot \boldsymbol{S}$ と書くが，原因は各電子の ls 相互作用の和であり，電子数 n が縮退した軌道数以下の場合（less than half，$3d$ 原子の場合は $n<5$）L と S は 1 個の電子の場合と同様逆方向に結合し（$\lambda > 0$），全角運動量の量子数は $J = |L - S|$ となる．電子数が軌道縮退数に等しい

$n \to$	1	2	3	4	5	6	7	8	9	10
	Ti^{3+}	Ti^{2+}	V^{2+}	Cr^{2+}	Mn^{2+}	Fe^{2+}	Co^{2+}	Ni^{2+}	Cu^{2+}	Cu^{1+}
	V^{4+}	V^{3+}	Cr^{3+}	Mn^{3+}	Fe^{3+}	Co^{3+}				Zn^{2+}
$S=$	1/2	1	3/2	2	5/2	2	3/2	1	1/2	0
$L=$	2	3	3	2	0	2	3	3	2	0
$J=$	3/2	2	3/2	0	5/2	4	9/2	4	5/2	0
$g_J=$	4/5	2/3	2/5	−	2	3/2	4/3	5/4	6/5	−
	$^2D_{3/2}$	$^3F_2$	$^4F_{3/2}$	$^5D_0$	$^6S_{5/2}$	$^5D_4$	$^4F_{9/2}$	$^3F_4$	$^2D_{5/2}$	$^1S_0$

図 2-9 鉄族遷移金属の電子構造（スピンの方向および電子が占める軌道 m はフントの第 1，第 2 則に従うものとする．ただし，結晶中ではこの通りにはならず，軌道角運動量は消失する．第 3 章参照）

場合（half fill, $n=5$, Mn^{2+}, Fe^{3+} など）は $L=0$ となるので，スピン軌道相互作用は存在しない（図 2-9 参照）．電子数が軌道縮退数より多くなると（more than half），スピン軌道相互作用に係わる余分の電子（たとえば $n=6$ の Fe^{2+} イオンの場合，6 つ目の↓スピン電子）のスピン方向は，合成スピン S と逆方向なので（図 2-9 参照）結果として，合成スピン角運動量 S と合成軌道角運動量 L は同一方向に結合し（$\lambda<0$）全角運動量の量子数は $J=L+S$ となる．このようにして形成される自由原子イオンの全角運動量を Russell-Saunders 結合とよぶ．

● **Russell-Saunders 結合した原子の電子構造の表し方**

Russell-Saunders 結合による自由原子の電子状態は量子力学の発展期に原子スペクトルの研究より明らかにされたもので，習慣的に $^{2S+1}X_J$ と表す．ここで，X は合成軌道角運動量に対応し，$L=0, 1, 2, \cdots$ に対し，それぞれ $X: S, P, D, F, G, H\cdots$ と表す．たとえば，Ti^{2+} イオンでは $S=1$, $L=3$, $J=3-1=2$ なので $^3F_2$ と表す．

2.3.6 全角運動量がもつ磁気モーメントとランデの g 因子

合成スピン角運動量 S と合成軌道角運動量 L が結合した全角運動量 J も磁気モーメントを伴うはずである．すなわち，比例定数を g_J とすると

$$\boldsymbol{\mu}_J = -g_J \boldsymbol{J} \mu_B \tag{2-26}$$

と書ける．一方，スピンおよび軌道角運動量の g 因子はそれぞれ，$g_J=2$, $g_J=1$ なので，ベクトルモデルでは，$\boldsymbol{\mu}_J=-(\boldsymbol{L}+2\boldsymbol{S})\mu_B$ となる．基底状態では，$\boldsymbol{L}, \boldsymbol{S}$ は $\boldsymbol{J}$ に平行または反平行なので，$\boldsymbol{\mu}_J$ は $\boldsymbol{J}$ に平行である．したがって

$$\boldsymbol{L}+2\boldsymbol{S} = g_J \boldsymbol{J} \tag{2-27}$$

と書ける．(2-27)式の両辺に $\boldsymbol{J}=\boldsymbol{L}+\boldsymbol{S}$ をかけ，$2\boldsymbol{L}\cdot\boldsymbol{S}=(\boldsymbol{L}+\boldsymbol{S})^2-\boldsymbol{L}^2-\boldsymbol{S}^2$ を使うと，$(\boldsymbol{L}+\boldsymbol{S})\cdot(\boldsymbol{L}+2\boldsymbol{S})=\boldsymbol{L}^2+3\boldsymbol{L}\cdot\boldsymbol{S}+2\boldsymbol{S}^2=-\frac{1}{2}\boldsymbol{L}^2+\frac{1}{2}\boldsymbol{S}^2+\frac{3}{2}\boldsymbol{J}^2=g_J\boldsymbol{J}^2$ となる．ここで，$\boldsymbol{L}$ と $\boldsymbol{S}$ は演算子としても可換（$\boldsymbol{L}\cdot\boldsymbol{S}=\boldsymbol{S}\cdot\boldsymbol{L}$）であることに注意しよう．最後の等式を改めて演算子と見なし，全角運動量 J，合成スピン角運動量 S，合成軌道角運動量 L の状態に(2-17)式を適用すると

$$g_J = \frac{3}{2} + \frac{S(S+1)-L(L+1)}{2J(J+1)} \tag{2-28}$$

が得られる．ここで，g_J をランデ（Landé）の g 因子とよぶ．図 2-9 に鉄属遷移金属自由イオンについて n 個の $3d$ 電子数がフントの規則に従って各軌道を占有してい

く有様をスピン方向とともに示しておく．

演習問題 2

2-1 $l_+ Y_2^{-1}(\theta, \phi)$ を計算し (2-10 a) 式が成り立つことを証明せよ．

2-2 (2-16) 式および (2-15 a, b, c) から (2-17) 式が成り立つことを証明せよ．

2-3 プロメチウムイオン（Pm^{3+} $4f^4$）の，S, L, J, g_J の理論値を求めよ．Pm には安定同位元素は存在せず実験値はない．

3. イオン性結晶の常磁性

前章では自由原子の角運動量,磁気モーメントについてフントの規則を中心に説明したが,これらは量子力学の発展期に原子ガスの光スペクトルの研究から導かれたものであり,実際の結晶中では異なる値を示す場合が多い.実験的には磁場をかけたとき誘起される磁気モーメントの測定をすることにより求められるが,本章では,磁性原子を含みかつそれらの間に磁気相互作用が働かないイオン性結晶の磁気的性質を調べる.金属の場合は全く異なった振る舞いを示し,後に述べる.

3.1 常磁性体の帯磁率(キュリーの法則)

相互作用しない磁気モーメントからなる系に磁場をかけたときに生じる磁化を統計熱力学により計算する.

3.1.1 磁場 H 中の磁気モーメントのポテンシャルエネルギー

(磁場方向を z 軸とする)

古典電磁気学では,磁気モーメント $\boldsymbol{\mu}$ が z 方向にかかる磁場 H 中におかれると,(1-2)式よりポテンシャルエネルギー U は磁場と磁気モーメントのなす角を θ として

$$U = -|\boldsymbol{\mu}| H \cos\theta = -\mu_z H \tag{3-1}$$

と書け,磁場と磁気モーメントの z 方向成分との積で与えられる.

量子力学では,磁気モーメントは全角運動量 $\hbar \boldsymbol{J}$ に比例するので,(2-26)式より $\boldsymbol{\mu} = -g_J \mu_B \boldsymbol{J}$ と書け,磁場中でのポテンシャルエネルギーを表すハミルトニアンは

$$\mathcal{H} = -\mu_z H = g_J \mu_B J_z H \tag{3-2}$$

となる.したがって(2-15a)式より,状態 $|J, m\rangle$ に対して

$$\mathcal{H}|J, m\rangle = g_J \mu_B H J_z |J, m\rangle = g_J \mu_B H m |J, m\rangle \tag{3-3}$$

固有エネルギーは

$$\varepsilon_m = g_J \mu_B m H, \quad m = -J, -J+1, \cdots, J \qquad (3\text{-}4)$$

で与えられる．いいかえれば，磁気モーメントは磁場方向に対し，$\cos\theta = m/\sqrt{J(J+1)}$ で与えられる方向しか取り得ず，$2J+1$ 個のエネルギー準位に分裂する．

3.1.2　$J=s=1/2$, $l=0$, $g_J=2$ の場合

簡単のため，d 電子が1個でスピン角運動量のみをもつ N 個のイオンからなる結晶について計算する．後述するように，結晶中の鉄属遷移金属イオンの場合，軌道角運動量は消失しスピン角運動量のみが磁気モーメントに寄与する．Ti^{3+} や V^{4+} を含む結晶がこれにあたる．この場合，エネルギー準位は図 3-1 に示すように2つに分かれ

$$\varepsilon_+ = \mu_B H, \quad \varepsilon_- = -\mu_B H$$

となる．+スピン，−スピン状態をとる確率 P_+, P_- はボルツマン分布に従うので

$$P_- = \frac{e^{\frac{\mu_B H}{k_B T}}}{Z}, \quad P_+ = \frac{e^{-\frac{\mu_B H}{k_B T}}}{Z}, \quad Z = e^{\frac{\mu_B H}{k_B T}} + e^{-\frac{\mu_B H}{k_B T}} \qquad (3\text{-}5)$$

したがって，N 個の原子の平均磁気モーメントは

$$M = N\mu_B(P_- - P_+) = N\mu_B \frac{e^{\frac{\mu_B H}{k_B T}} - e^{-\frac{\mu_B H}{k_B T}}}{e^{\frac{\mu_B H}{k_B T}} + e^{-\frac{\mu_B H}{k_B T}}} = N\mu_B \tanh\left(\frac{\mu_B H}{k_B T}\right) \qquad (3\text{-}6)$$

で与えられる．$\tanh(x)$ は $x \to \infty$ で1に漸近する単調増加関数なので，$H \to \infty$ で飽和値 $M = N\mu_B$ をとる．しかし，普通の電磁石で発生する磁場を $H = 10^5$ A/m 程度とすると，室温 $T = 300$ K では $\mu_B H = 1.2 \times 10^{-24}$ J，$k_B T = 4.1 \times 10^{-21}$ J，したがって，$\mu_B H / k_B T \ll 1$，$\tanh x \approx x \, (x \ll 1)$ より

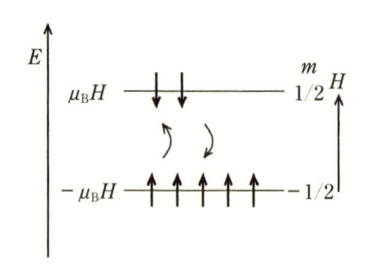

図 3-1　$J=s=1/2$ の場合のエネルギー準位と+スピン，−スピン電子の占有状態（矢印は磁気モーメントの方向を表す．図は7個の電子からなる系を示している．低温ではほとんどの電子が $m=-1/2$ の状態を占める）

3.1　常磁性体の帯磁率(キュリーの法則)

$$M = N\mu_B \frac{\mu_B}{k_B T} H, \quad \chi = \frac{M}{H} = \frac{N\mu_B^2}{k_B T} = \frac{C}{T}$$

となる．すなわち，帯磁率は温度に反比例することがわかり，キュリー（Curie）の法則が導かれた．

3.1.3　一般の J の場合

一般の J についても同様にキュリーの法則が導ける．この場合，磁気モーメントの z（磁場方向）成分は，$\mu_{mz} = -g_J m \mu_B$ ($m = -J, -J+1, \cdots, J$) であり，エネルギー準位は $\varepsilon_m = g_J m \mu_B H$ で与えられる．したがって，磁場 H により誘起される磁気モーメントは

$$M = N \sum_{m=-J}^{J} \mu_{mz} P_m = -N g_J \mu_B \sum_{m=-J}^{J} m e^{-\frac{g_J \mu_B m H}{k_B T}} / Z \tag{3-7}$$

$$Z = \sum_{m=-J}^{J} e^{-\frac{\varepsilon_m}{k_B T}} = \sum_{m=-J}^{J} e^{-\frac{g_J \mu_B m H}{k_B T}} \tag{3-8}$$

で与えられる．$e^{-\frac{g_J \mu_B H}{k_B T}} = e^{\alpha}$, $\alpha = -\frac{g_J \mu_B H}{k_B T}$ とおくと

$$Z = \sum_{m=-J}^{J} e^{\alpha m} = \sum_{m=-J}^{J} (e^{\alpha})^m = e^{-\alpha J} \sum_{m=0}^{2J} (e^{\alpha})^m = e^{-\alpha J} \frac{1 - e^{\alpha(2J+1)}}{1 - e^{\alpha}}$$

$$= \frac{e^{-\alpha(2J+1)/2} - e^{\alpha(2J+1)/2}}{e^{-\alpha/2} - e^{\alpha/2}}$$

$$\sum_{m=-J}^{J} m e^{-\frac{g_J \mu_B m H}{k_B T}} = \sum_{m=-J}^{J} m e^{\alpha m} = \frac{dZ}{d\alpha}$$

などの関係式から，(3-7)式は容易に計算でき

$$M = N g_J \mu_B J B_J \left(\frac{g_J \mu_B J H}{k_B T} \right) \tag{3-9}$$

となる．ここで，$B_J(x)$ はブリルアン（Brillouin）関数とよばれ

$$B_J(x) = \frac{2J+1}{2J} \coth\left(\frac{2J+1}{2J} x \right) - \frac{1}{2J} \coth\left(\frac{1}{2J} x \right) \tag{3-10}$$

で与えられ，$\tanh(x)$ と同様，$B_J(0)=0$，$x \to \infty$ で 1 に漸近する上に凸な単調増加関数である（図3-2参照）．$x \ll 1$ では，近似式

$$B_J(x) \approx \frac{J+1}{3J} x - \frac{1}{45} \frac{(J+1)\{(J+1)^2 + J^2\}}{2J^3} x^3 + \cdots \tag{3-11}$$

が成り立ち，$g_J \mu_B J H \ll k_B T$ では

$$M = \frac{N g_J^2 \mu_B^2 J(J+1)}{3 k_B T} H \Rightarrow \chi = \frac{M}{H} = \frac{C}{T} \tag{3-12}$$

とキュリーの法則が導かれる．ここで

$$C = \frac{Ng_J^2\mu_B^2 J(J+1)}{3k_B} = \frac{N\mu_B^2 p^2}{3k_B} \qquad (3\text{-}13)$$

をキュリー定数とよび，$p=g_J\sqrt{J(J+1)}$ を有効ボーア磁子数とよぶ．これは2.2.2節で述べた角運動量の大きさ（絶対値）に相当する磁気モーメントと見なせる．

3.2 結晶の常磁性

3.2.1 低温での磁化曲線

極低温において強い磁場をかければ，$x=g_J J\mu_B H/k_B T$ は大きな値となり，$B_J(x)$ の特徴を示す上に凸な磁化曲線が得られる．このとき，同じ J をもつイオン結晶のモル磁化曲線は H/T の関数として共通の曲線（ブリルアン関数）に乗るはずである．

図3-2にいくつかの例を示すが，異なった温度での測定についても，H/T の関数としてプロットすることにより共通の曲線に乗ることがわかる．このとき，Gd^{3+} と Fe^{3+} については，表3-2および図2-9に示したフント則で予想される値，$J=S=$

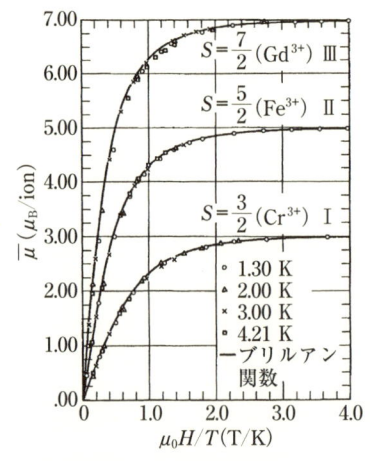

図3-2 ブリルアン関数と実験値の比較[3]（縦軸は1イオン当たりの磁気モーメント（単位 μ_B））
- （I） クロムカリミョウバンについての実験値と $3B_{3/2}(x)$．Cr^{3+} は，$J=S=3/2$ に相当するスピン磁気モーメントをもつ
- （II） 鉄アンモニウムミョウバンの Fe^{3+}（$J=S=5/2$）の実験値と $5B_{5/2}(x)$
- （III） 硫化ガドリニウムの Gd^{3+}（$J=S=7/2$）の実験値と $7B_{7/2}(x)$

$7/2(Gd^{3+})$, $J=S=5/2(Fe^{3+})$ に一致する．Cr^{3+} については，関数型は $B_{3/2}(x)$ で表せるが，飽和磁気モーメントの値がフント則から予想される値，$\mu/\mu_B=g_J J=\frac{2}{5}\cdot\frac{3}{2}=\frac{3}{5}=0.6$ とはならず，$g_J=2$ とした場合の値である 3.0 となる．これは，次節以降で述べるように，Cr^{3+} イオンは結晶中では軌道角運動量が消失し $L=0$, $J=S=3/2$, $g_J=2$ となるとして説明される．

3.2.2 キュリー定数と有効ボーア磁子数

原子磁気モーメントの値は，キュリーの法則（(3-12)式）から，帯磁率の温度依存性を測定することにより容易に求めることができる．具体的には帯磁率 χ の逆数を温度に対してプロットすると直線に乗り，その勾配 $1/C$ から有効ボーア磁子数 p が求まる．このとき，帯磁率としてモル帯磁率 χ_{mol} を使えば N はアボガドロ数となる．表 3-1，表 3-2 に鉄属遷移金属と希土類金属イオン結晶についての有効ボーア磁子数の実験値および，理論値を示す．実測値は，希土類金属の場合は，Eu^{3+}，Sm^{3+} を除くとフントの規則から求めた表 3-2 の理論値（Ⅰ）$p=g_J\sqrt{J(J+1)}$ と比較的よく一致するが，鉄属遷移金属においてはあまり一致せず，$p=2\sqrt{S(S+1)}$ に近い．すなわ

表 3-1 鉄属イオンの有効ボーア磁子数

電子構造		イオン	p 実験値	$g_J\sqrt{J(J+1)}$	$2\sqrt{S(S+1)}$
$3d^1$	$^2D_{3/2}$	Ti^{3+}		1.55	1.73
		V^{4+}	1.8	1.55	1.73
$3d^2$	$^3F_2$	V^{3+}	2.8	1.63	2.83
$3d^3$	$^4F_{3/2}$	V^{2+}	3.8	0.77	3.87
		Cr^{3+}	3.7	0.77	3.87
		Mn^{4+}	4.0	0.77	3.87
$3d^4$	$^5D_0$	Cr^{2+}	4.8	0	4.90
		Mn^{3+}	5.0	0	4.90
$3d^5$	$^6S_{5/2}$	Mn^{2+}	5.9	5.92	5.92
		Fe^{3+}	5.9	5.92	5.92
$3d^6$	$^5D_4$	Fe^{2+}	5.4	6.7	4.90
$3d^7$	$^4F_{9/2}$	Co^{2+}	4.8	6.63	3.87
$3d^8$	$^3F_4$	Ni^{2+}	3.2	5.59	2.83
$3d^9$	$^2D_{5/2}$	Cu^{2+}	1.9	3.55	1.73

表 3-2 希土類元素イオンの有効ボーア磁子数(理論値 II は 3.2.8 節参照．Pm については演習問題 2-3 参照)

イオン	f 電子数	電子構造	p 実験値	理論値 I $g_J\sqrt{J(J+1)}$	理論値 II
La^{3+}	0	^1S	dia	0.00	0.00
Ce^{3+}	1	$^2F_{5/2}$	2.5	2.54	2.56
Pr^{3+}	2	$^3H_4$	3.6	3.58	3.62
Nd^{3+}	3	$^4I_{9/2}$	3.8	3.62	3.68
Pm^{3+}	4	X	—	X	2.83
Sm^{3+}	5	$^6H_{5/2}$	1.5	0.84	1.53
Eu^{3+}	6	$^7F_0$	3.6	0.00	3.40
Gd^{3+}	7	$^8S_{7/2}$	7.9	7.94	7.94
Tb^{3+}	8	$^7F_6$	9.7	9.72	9.7
Dy^{3+}	9	$^6H_{15/2}$	10.5	10.65	10.6
Ho^{3+}	10	$^5I_8$	10.5	10.61	10.6
Er^{3+}	11	$^4I_{15/2}$	9.4	9.58	9.6
Tm^{3+}	12	$^3H_6$	7.2	7.56	7.6
Yb^{3+}	13	$^2F_{7/2}$	4.5	4.54	4.5
Lu^{3+}	14	^1S	dia	0.00	0.00

ち，実測値は，$L=0$, $J=S$, $g_J=2$ とした場合の値とよく一致する．これを，軌道角運動量の凍結 (quenching) という．その理由は大雑把には，軌道角運動量を担う $3d$ 電子の波動関数が比較的原子の外側に分布し周りの陰イオンに回転運動が邪魔されるためと解釈してよい．量子力学的には，$3d$ 電子の感じるポテンシャルが周りのイオンからの電場(結晶場)をうけ，球対称性を失い，5 重縮退が解け分裂するためである．次節にこの点に関して説明する．

それに対し，希土類金属の場合は磁性を担う $4f$ 電子が原子の比較的内部 ($5d$, $6s$ 軌道より内部) に分布するので結晶場の影響を受けにくく，軌道凍結は起こらない．

3.2.3 結晶中での $3d$ 電子の電子状態(複素数表示と実数表示)

2.2.2 節において，水素原子の軌道角運動量を調べたとき，シュレーディンガー方程式の解である，$\Phi_{nlm}(\boldsymbol{r})=R_{nl}(r)Y_l^m(\theta,\phi)$ が角運動量の z 方向成分を表す演算子 l_z に関して固有値 m をもつ固有状態であることを示した ((2-10 c) 式)．しかし，原子が結晶中におかれると，その状態に対応するシュレーディンガー方程式の解が角運動量をもつとは限らない．ここでは，$3d$ 波動関数がどうのように振る舞うかを調べる．

3.2 結晶の常磁性

量子力学によると縮退した状態の波動関数は一義的には決まらないことが知られている．

すなわち，同じエネルギーに属する複数個の波動関数の任意の1次結合も正しい解である．実際には，簡単な代数関数の組で表せる解を使うが，水素様原子の波動関数の場合，角度成分を表す関数として，球面調和関数 $Y_2^m(\theta, \phi)$ を使う複素数表示と，x, y, z の関数による実関数表示がある．以下，$3d$ 波動関数の場合について具体的に調べる．

（1） 複素関数表示

$$R_{32}(r) Y_2^m(\theta, \phi) \quad (m=-2, -1, 0, 1, 2) \tag{3-14}$$

通常この解が水素様原子の波動関数として使われることが多く，エネルギーの固有解であると同時に角運動量の z 成分の固有解でもある．

（2） 実関数表示

$$d\varepsilon \text{軌道}: d_{xy}=f(r)\cdot xy, \quad d_{yz}=f(r)\cdot yz, \quad d_{zx}=f(r)\cdot zx \tag{3-15 a}$$

$$d\gamma \text{軌道}: d_{x^2-y^2}=\frac{1}{2}f(r)(x^2-y^2), \quad d_{z^2}=\frac{1}{2\sqrt{3}}f(r)(3z^2-r^2) \tag{3-15 b}$$

ここで，$f(r)$ は動径変数 $r=\sqrt{x^2+y^2+z^2}$ のみの共通の関数である．また，$d\varepsilon$ 軌道と $d\gamma$ の2つに分類したのは，関数型の対称性からであり，以下に示すようにいずれも複素数表示の関数の1次結合で表せ，球対称のポテンシャルエネルギーをもつ水素様原子の場合はそれらのエネルギー固有値は等しく縮退している．しかし，後に述べるように結晶中ではその対称性と関連して物理的に重要な意味をもつ．

実関数表示と複素関数表示の間には以下の関係が成り立つ．

$$d_{z^2}=R(r)r^2 Y_2^0(\theta, \phi), \quad d_{yz}=-R(r)\frac{r^2}{\sqrt{2}\,i}(Y_2^1+Y_2^{-1})$$

$$d_{zx}=-R(r)\frac{r^2}{\sqrt{2}}(Y_2^1-Y_2^{-1}), \quad d_{x^2-y^2}=R(r)\frac{r^2}{\sqrt{2}}(Y_2^2+Y_2^{-2}) \tag{3-16}$$

$$d_{xy}=R(r)\frac{r^2}{\sqrt{2}\,i}(Y_2^2-Y_2^{-2})$$

これらの波動関数の密度分布を図 3-3 に示す．実関数表示は座標軸の特定の方向に伸びている．複素関数表示は z 軸を回転対称軸とし，z 軸の周りを回転する電子に対応していることがわかる．磁場も結晶場もない所ではこれらのエネルギーは等しいが，磁場中では図 3-3（b）の関数が正しい固有関数となり m が異なると異なったエネル

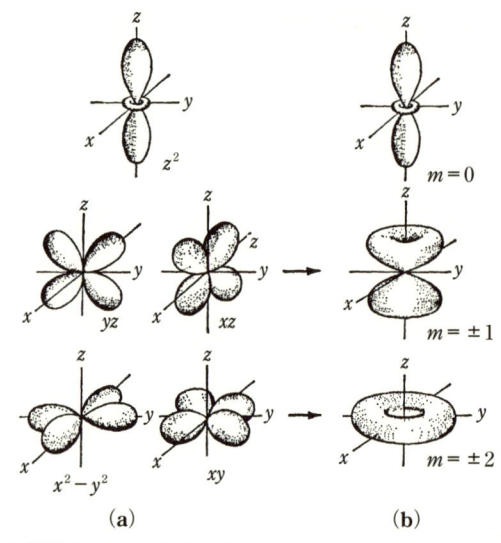

図3-3 $3d$ 波動関数の電子密度分布（(a)実関数表現, (b)複素関数表現）

ギー固有値をもつ．立方晶，正方晶結晶中では，以下に述べるように図3-3(a)の関数の方が周りのイオンのポテンシャル（結晶場という）をより正しく反映する波動関数で，周りのイオンの位置によりどれかの状態が最低エネルギーをとる．

3.2.4 結晶場によるエネルギー分裂

結晶中におかれた原子の $3d$ 電子はそれ自身の内殻正イオンから感じる球対称ポテンシャルの他，周りの原子の電荷による結晶の対称性を反映したポテンシャル（結晶場）を感じる．$3d$ 軌道の場合，5重に縮退していた準位が結晶場により分裂し，それに応じた固有関数が求まるはずである．一般的には群論を量子力学に適用することによりスマートな方法で求めることができるが[4]，ここでは中心（座標原点）に $3d$ 原子を置き，周りに－イオンを配置したときに予想される実関数表示した波動関数のエネルギーの変化を図から直感的に理解しよう．

（1）立方対称結晶場

図3-4に示すように，中心に $3d$ 原子を置き，周りの正8面体位置に－イオンを配置した場合の静電エネルギーを考える．3つの $d\varepsilon$ 軌道，2つの $d\gamma$ 軌道はそれぞれ－

3.2 結晶の常磁性

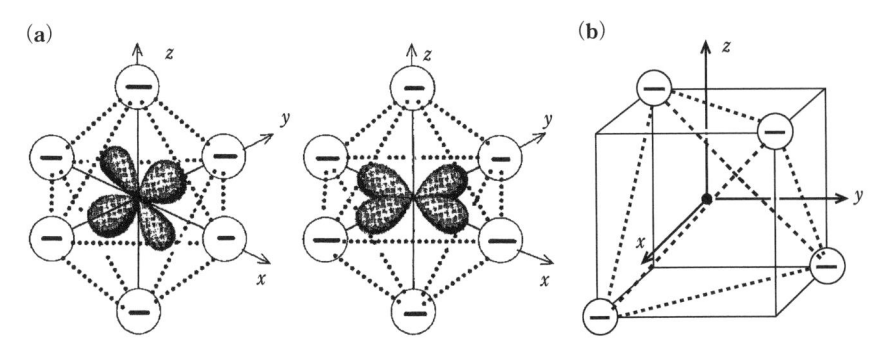

図 3-4 (a) 正 8 面体配置と d 軌道 (左は d_{zx} 軌道, 右は $d_{x^2-y^2}$ 軌道. $d_{x^2-y^2}$ 軌道は－イオンの方向へ伸びているのでエネルギーが高い). (b) 4 面体配置 (●中心イオンと－イオンの位置のみを示す)

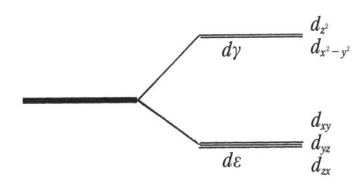

図 3-5 立方対称結晶場による $3d$ 準位の分裂

イオンに対して等価な分布をしている. このことは $d\varepsilon$ 軌道の場合は図より自明であるが, $d\gamma$ 軌道については $d_{z^2}=\dfrac{1}{2\sqrt{3}}f(r)(3z^2-r^2)=\dfrac{1}{2\sqrt{3}}f(r)\{(z^2-x^2)+(z^2-y^2)\}$ と立方対称場中では $d_{x^2-y^2}$ と同等な 2 つの関数の和で書き表せることから容易に理解できる. この場合 $d\gamma$ 軌道の方が－イオンの近くまで分布し, $d\varepsilon$ 軌道より静電反発エネルギーが大きい. したがって, エネルギー準位は図 3-5 に示すように, 3 重に縮退した $d\varepsilon$ 準位と 2 重に縮退した $d\gamma$ 準位の 2 つに分裂する. このとき, 波動関数は結晶に固定され, 軌道角運動量が消滅することが予想される. なお, 立方対称配位としては, このような 8 面体配位の他に, －イオンがつくる正 4 面体の中心に原子をおいた場合のような, 4 面体配位があるが, この場合－イオンの方向が x, y, z 軸の中間方向にあり, $d\varepsilon$ 軌道の方がより近接しているので $d\gamma$ 軌道より高エネルギーとなりエネルギー準位は逆転する.

(2) 正方対称結晶場

さらに，z 軸上のイオンを中心に近づけると，xy 面に分布する d_{xy}, $d_{x^2-y^2}$ 軌道に対しそれ以外の軌道のエネルギーが相対的に上昇する（図 3-6(c)）．

(3) より低い対称性の結晶場（斜方対称結晶場）

すべての縮退が解け，5 つの異なった準位に分裂する（図 3-6(d)）．

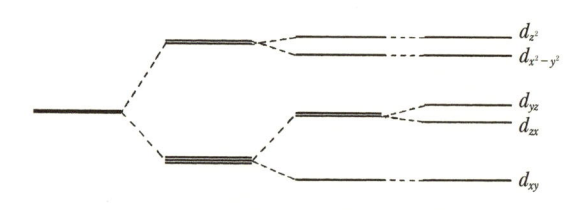

```
(a) 自由原子   (b) 立方対称   (c) 正方対称   (d) 斜方対称
   球対称       a=b=c        a=b>c         a>b>c
```

図 3-6 結晶場による d 軌道準位の分裂（a, b, c は格子定数を表す）

3.2.5 多電子原子のエネルギー準位

以上の結晶場によるエネルギー準位の分裂は原子に 1 個の電子がある場合はそのまま適用できるが複数個の電子がある場合はもう少し複雑である．以下に，8 面体配位の立方対称結晶場に 2 つの電子をもつ $3d$ 金属イオン（Ti^{2+}, V^{3+} など）を例にとり図 3-7 に沿って説明する．この場合，スピン方向はフントの第 1 則が支配し平行になるものとする．

基底状態では $d\varepsilon$ 軌道を 2 個の電子が占有し 1 個の軌道は空となる．空の軌道は 3 種類考えられるので基底状態は 3 重縮退である．第 2 励起状態（図 3-7(c)）は 2 個の $d\gamma$ 軌道を 2 個の電子が占めるので軌道縮退はない．第 1 励起状態（図 3-7(b)）は少し複雑である．当然，1 個の電子が $d\gamma$ 軌道に励起された状態であるが，単純に考えると，2 種類の $d\gamma$ 軌道，3 種類の $d\varepsilon$ 軌道の組み合わせで 6 重縮退となりそうに思われるが，その内 3 種類の組み合わせは電子間静電反発エネルギーが大きくずっと高い準位に追いやられ，結晶場による分裂としては，図 3-7(d) に示すように，第 1 励起状態は 3 重縮退となる．

3.2 結晶の常磁性

	基底状態，	第1励起状態，	第2励起状態，
	3重縮退	3重縮退	無縮退
	(a)	(b)	(c)

(d) 2電子系の準位

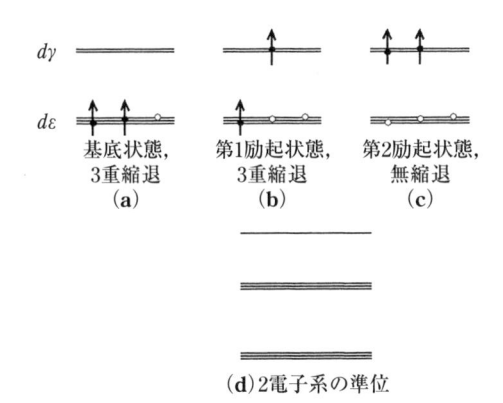

図 3-7 8面体配位結晶場中における，(a)，(b)，(c) 1電子系準位への2つの電子の配置．(d) 2電子系のエネルギー準位

| 8面体配位 | $n=1, 6$ | $n=2, 7$ | $n=3, 8$ | $n=4, 9$ |
| 4面体配位 | $n=4, 9$ | $n=3, 8$ | $n=2, 7$ | $n=1, 6$ |

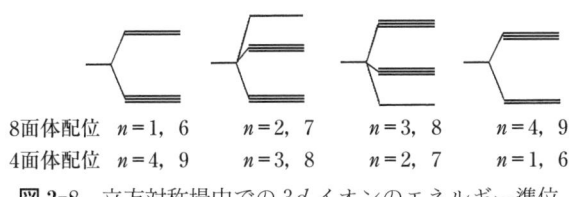

図 3-8 立方対称場中での $3d$ イオンのエネルギー準位

　3個以上の電子数の場合のエネルギー準位は図 3-8 に示すが，なぜこのようになるかは以下のように理解できる．(1) $n=5$ まではフントの第1則に従い＋スピンのみが軌道を満たし $n=5$ で＋スピンのみの閉殻をつくる．この場合，当然軌道縮退はない．6個目からは－スピンが入り $n=1$〜4 と同じ準位をとる．(2) $n=4, 9$，$n=3, 8$ の場合は閉殻から電子がそれぞれ1個，2個抜けた状態，すなわちポジティブホールの準位と考えればよく，$n=1, 6$，$n=2, 7$ の準位を逆転したものと一致する．(3) 4面体配置の場合は上に述べたように，8面体準位を逆転させたものに一致する．

3.2.6　結晶場による軌道角運動量の凍結

　前節で示したように，結晶場により軌道縮退が解けた状態の波動関数は一般には実関数となる．一方，運動量や角運動量の演算子は 2.2.2 節で示したように純虚数であり，波動関数が実数の場合，0以外の固有値を取り得ず，有限の固有値をもつ固有状

態となり得ない．また，これらの物理量の平均値は，実関数である箱の中の自由電子の運動量の平均値が 0 となるように，角運動量の場合も 0 となる．これが，結晶場によって軌道角運動量が消失する量子力学的解釈であるが具体的な例をとり説明してみよう．例として，d_{xy} 関数を調べてみる．(3-16)式より，$d_{xy}=R(r)\dfrac{r^2}{\sqrt{2}\,i}(Y_2^2-Y_2^{-2})$ と球面調和関数で表し，l_z を作用させると，(2-10 c)式より

$$l_z d_{xy}=R(r)\frac{r^2}{\sqrt{2}\,i}l_z(Y_2^2-Y_2^{-2})=2R(r)\frac{r^2}{\sqrt{2}\,i}(Y_2^2+Y_2^{-2})\neq d_{xy}$$

と d_{xy} 関数は l_z の固有状態でないことがわかる．平均値を計算すると

$$\langle l_z\rangle=\int_0^\infty r^6 R^2(r)dr\cdot\int_0^\pi\int_0^{2\pi}(Y_2^2-Y_2^{-2})^* l_z(Y_2^2-Y_2^{-2})\sin\theta\,d\theta d\phi$$

$$=2\int_0^\infty r^6 R^2(r)dr\cdot\int_0^\pi\int_0^{2\pi}(Y_2^{-2}-Y_2^2)(Y_2^2+Y_2^{-2})\sin\theta\,d\theta d\phi$$

となり，球面調和関数の直交定理(2-11)より，$\langle l_z\rangle=0$ が得られる．

3.2.7 特殊な基底状態

(1) 残留軌道角運動量

結晶場の影響を受けても軌道角運動量が生き残る場合がある．それは基底状態が 3 重に縮退している場合で，たとえば $d\varepsilon$ 軌道に 1 個の電子がある場合，縮退した 3 つの波動関数 $f(r)xy$, $f(r)yz$, $f(r)zx$ を複素数を含む係数を用い 3 つの独立な 1 次結合関数をつくることにより，$l=1$ すなわち p 状態に相当する軌道角運動量をもった状態をつくることができる[5]．後に示すが強磁性体やフェリ磁性体の磁気異方性や磁歪は磁性原子の軌道角運動量が原因で生じるので 3 重縮退基底状態をもった磁性原子，たとえば $Co^{2+}(n=7)$ を含むフェライトなどで大きな磁気異方性や磁歪を示すものがある．

(2) Fe^{2+} の high spin state と low spin state

以上の電子配置はすべてフントの第 1 則が満たされる場合に成り立つ話であるが，結晶場が非常に大きくフントの規則が破れる場合がある．その例として Fe^{2+} は図 3-9 に示すように，結晶場が交換相互作用 J_{ex} に比べて大きい場合 $S=0$ となる．$Fe(CN)_6^{4-}$，ヘモグロビン中の Fe^{2+} などがそうである．

3.2 結晶の常磁性

high spin state low spin state
S=2　　　　　　 S=0

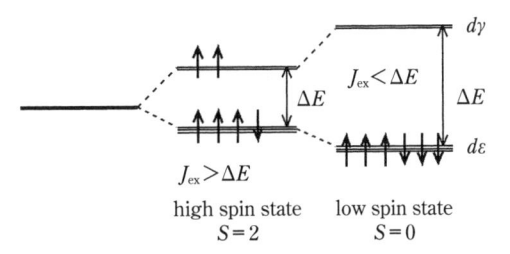

$J_{ex} > \Delta E$　　　$J_{ex} < \Delta E$

図 3-9 結晶場の大きさが異なる場合の Fe^{2+} の d 電子配置

（3） ヤーン-テラー効果

　基底状態に縮退がある場合，たとえば図 3-6(b) に示す 8 面体配位立方対称場に 1 個の電子がある場合，格子を歪ませ正方対称にした方がエネルギーが低下する．一方，歪みによる弾性エネルギーが増加するので，両者のバランスにより自発的格子歪みの大きさが決まる．このようなメカニズムによる結晶の歪みをヤーン-テラー歪みとよび，$CuFe_2O_4$ などのスピネル型化合物にしばしば見られる現象である．

3.2.8　希土類化合物の異常常磁性（ヴァン・ブレック常磁性）

　表 3-2 に示したように希土類元素イオンの場合 Russell-Saunders 結合により求められる有効磁気モーメント p の値は，Eu^{3+}，Sm^{3+} を除いて実測値とよい一致を示す．すなわち軌道角運動量の凍結は見られない．これは磁性を担う $4f$ 軌道が原子の比較的内側に分布し周りのイオンの影響を受けにくく，さらにより大きな軌道半径をもつ $4d$ 電子が結晶電場を遮蔽する効果もあり，$4f$ 電子が感じる結晶電場が小さく結晶場分裂を起こさないためである．

　Eu^{3+} や Sm^{3+} の場合理論値と合わないのは別の原因による．ここでは，Eu^{3+} の場合についてその原因を考える．Eu^{3+} は表 3-2 に示したように 6 個の $4f$ 電子をもつ．したがって，$L=3$，$S=3$ であり，電子数は less than half（<7）なので，LS 相互作用により L と S は逆向き（反平行）に結合し $J=|L-S|=0$ と磁気モーメントをもたない．しかしこれは基底状態の値であり，励起状態としては，L と S が傾いて結合し，$J=1, 2\cdots, 6$ という状態も取り得る．これを多重項とよぶ．ここで，最大値 $J=6$ は L と S が平行に結合した場合である．LS 相互作用の大きさを角運動量のベクトルモデル（2.2.2 節参照）で計算すると

3. イオン性結晶の常磁性

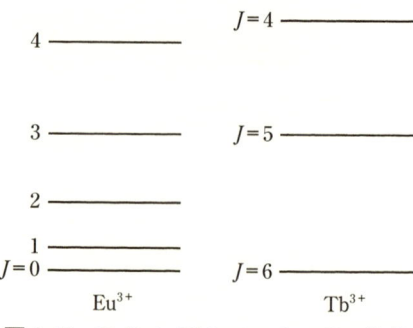

図 3-10 Eu^{3+} と Tb^{3+} のエネルギー準位

$$E_{LS} = \lambda \boldsymbol{L} \cdot \boldsymbol{S} = \frac{\lambda}{2}\{(\boldsymbol{L}+\boldsymbol{S})^2 - \boldsymbol{S}^2 - \boldsymbol{L}^2\} = \frac{\lambda}{2}(\boldsymbol{J}^2 - \boldsymbol{S}^2 - \boldsymbol{L}^2)$$
$$= \frac{\lambda}{2}\{J(J+1) - S(S+1) - L(L+1)\} \tag{3-17}$$

で与えられ，L，S が同じで異なった J の状態間，すなわち多重項のエネルギー差は

$$E_{LS}(J) - E_{LS}(J-1) = \lambda J \tag{3-18}$$

と J の値に比例する．図 3-10 にこのようにして求めた Eu^{3+} と比較のため Tb^{3+} の多重項エネルギー準位を示す．

Eu^{3+} の場合，基底状態は $J=0$ で磁気モーメントをもたないはずだが，0 K でも磁場がかかることにより $\lambda \boldsymbol{L} \cdot \boldsymbol{S}$ を摂動項として，$J=1$ の励起状態が混ざりモーメントが誘起される．また λ の値は約 200～300 K なので，室温付近では $J=1$ の状態が熱励起され，温度に依存する常磁性を示す．表 3-2 の理論値 II はこのようにして求めたものでヴァン・ブレック（Van Vleck）の常磁性とよぶ．それに対し，重い希土類金属（$n>7$）では基底状態で L と S が平行に結合しており大きな J をもち，したがって第1励起状態のエネルギー準位が高くフント則で求めた磁気モーメントの値によく一致する．

演習問題 3

3-1 Mn タットン塩 $(NH_4)_2SO_4 \cdot MnSO_4 \cdot 6H_2O$ の 300 K での質量帯磁率，比質量帯磁率を求めよ．さらに，cgs 単位系に変換し実験値と比較せよ（キュリーの法則に従うものとする．帯磁率の標準物質に用いられる）．

ヒント：Mn は 2 価イオン．初めに mol 当たりの帯磁率を求める．

実験値　3.64×10^{-5} emu/g（cgs 単位系）

3-2 $2p$ 軌道に電子が 1 個ある原子の結晶場分裂の様子を図 3-6 にならって示せ．

3-3 d_{yz} 関数について軌道角運動量の z 成分の平均値 $\langle l_z \rangle$ が 0 であることを関係式 (2-10), (2-11) を使って示せ．

4. 強磁性(局在モーメントモデル)

　磁性といえば強磁性を指す場合もあり，最も興味深い現象であるだけでなく磁性材料として広く使われ現代生活を支える重要な材料でもある．序論で述べたように，強磁性とは微視的に見ると原子磁気モーメントが平行にそろった状態，すなわち自発磁化をもった状態として記述される．このような見方を磁気モーメントが原子に局在しているという意味で「局在モーメントモデル」(または局在電子モデル)とよぶ．しかし，最も代表的な強磁性体である鉄やニッケルでは，磁性を担う $3d$ 電子が結晶内を動き回っており，異なった取り扱いをしなければならない(遍歴電子モデル)．ここでは局在電子モデルについて，原子磁気モーメントを平行にそろえようとする力の原因，温度による自発磁化の減少などを取り扱い，金属の磁性については章を改めて扱う．

4.1 原子間交換相互作用(強磁性の原因？)

　磁気モーメント間に働く力としてまず考えられるのは，1.3.3節で述べた原子磁気モーメント間に働く磁気双極子相互作用であるが，そのエネルギーを磁気モーメントの大きさを $1\mu_B$，原子間距離を 10^{-10} m (=1Å) として(1-4)式から計算すると，温度にして 1 K にも及ばず，たとえば鉄のキュリー温度が 1000 K 以上に及ぶことから，これが強磁性の原因になるとは考えられない．そこで考えられるのは，2.3.2節で述べた，フントの規則の原因となる交換相互作用である．ただし，原子内の交換相互作用 J_{ex} は必ず正であったが，原子間にまたがる交換相互作用は少し複雑である．ここでは，Heitler と London が水素分子の結合エネルギーを計算する手法をハイゼンベルグが強磁性の原因として取り入れた議論を紹介する．

4.1.1 水素分子での交換相互作用

　a, b, 2個の水素原子が近づき水素分子をつくるとき，その波動関数は

4. 強磁性(局在モーメントモデル)

$$\Phi_{\pm}(\tau_1, \tau_2) = \frac{1}{\sqrt{2}}\{\phi_a(r_1)\phi_b(r_2) \pm \phi_b(r_1)\phi_a(r_2)\}\{スピン関数\} \quad (4\text{-}1)$$

と近似できる．ここで，$\phi_a(r)$, $\phi_b(r)$ はそれぞれ，a 原子，b 原子の $1s$ 波動関数，τ は各電子のスピン座標 σ を含む変数(2.3.3節参照)，r_1, r_2 はそれぞれ，電子1，電子2の位置座標を表す．＋記号のときが結合軌道，－記号の時が反結合軌道である．このとき，結合軌道は電子1，2の入れ替えに対して不変（対称軌道）であり，反結合軌道は符号が変わる（反対称軌道）．パウリの原理により，結合軌道の場合は2個の電子のスピンは反対称（↑↓），反結合軌道に対してはスピンは対称（↑↑）でなければならない．

(4-1)式の波動関数について，(2-22)式と同様に，電子間，電子と原子核間のクーロンポテンシャルエネルギーの平均値を計算すると，2つの軌道に対する静電ポテンシャルエネルギーは

$$\langle U \rangle = \begin{cases} K + J_{\text{ex}} & (結合軌道\quad スピン ↑↓) \\ K - J_{\text{ex}} & (反結合軌道\quad スピン ↑↑) \end{cases} \quad (4\text{-}2)$$

で表せる．ここで，K はクーロン積分，J_{ex} は2原子間の交換積分で

$$J_{\text{ex}} = \frac{e^2}{4\pi\varepsilon_0} \iint \phi_a^*(r_1)\phi_b^*(r_2)\left(\frac{1}{r_{12}} - \frac{1}{r_{a1}} - \frac{1}{r_{b2}} - \frac{1}{r_{a2}} - \frac{1}{r_{b1}} + \frac{1}{R_{ab}}\right)\phi_a(r_2)\phi_b(r_1)dr_1dr_2 \quad (4\text{-}3)$$

$$K = \frac{e^2}{4\pi\varepsilon_0} \iint \phi_a^*(r_1)\phi_b^*(r_2)\left(\frac{1}{r_{12}} - \frac{1}{r_{a1}} - \frac{1}{r_{b2}} - \frac{1}{r_{a2}} - \frac{1}{r_{b1}} + \frac{1}{R_{ab}}\right)\phi_a(r_1)\phi_b(r_2)dr_1dr_2 \quad (4\text{-}4)$$

で与えられる．ただし，水素分子の結合エネルギーを計算する場合は，波動関数の非直交性のためもう少し複雑になる．なお，r, R の定義を図4-1に示す．

フントの規則の原因であった同一原子内電子の交換積分(2-22)式は括弧内第1項の

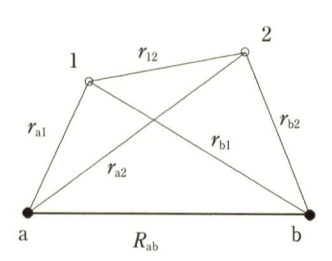

図 4-1 (4-3), (4-4)式での r, R の定義 (a, b は原子核. 1, 2 は電子の位置を示す)

4.1 原子間交換相互作用(強磁性の原因?)

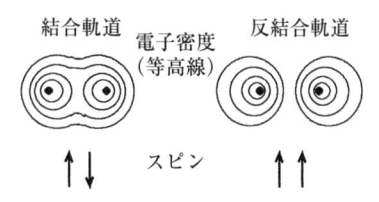

図4-2 水素分子の結合軌道,反結合軌道の電子密度分布とスピン方向

みであり,必ず正であったが,原子間の交換積分は,第2項,第3項の寄与により通常 J_{ex} は負の値をとり,結合軌道の方が安定である.このことは,図4-2で示すように,結合軌道は2つの原子核の中間位置に大きな電子密度があるが,反結合軌道では中間位置での電子密度が0となり,結合軌道の方がクーロンエネルギーが低くなることで理解できる.また,運動エネルギーについても,結合軌道の方が波動関数が緩やかに変化し反結合軌道より小さくなることが予想できる.

このように,水素分子の場合軌道関数が対称である結合軌道が安定でスピンは反平行となるが,ハイゼンベルグは,適当な原子間距離であれば,J_{ex} が正になる可能性があり,強磁性の原因になりうることを指摘し,Betheと Slaterは2つの水素様原子($Z>1$)の $3d$ 軌道間の交換積分を計算し,R_{ab} が大きくなると J_{ex} が正の値をもつことを示した.すなわち,2つの原子のスピン方向が平行な反結合状態がより低いエネルギーをもつこと示した.この相互作用を直接交換相互作用(direct exchange interaction)といい,長い間鉄やニッケルの強磁性の原因と考えられてきた.しかし,大型計算機の発達に伴い内殻電子の影響も取り入れたより正確な数値計算により,FeやCoについて J_{ex} を見積もると,これらの物質の高いキュリー温度を説明するような大きな正の値は得られず,2つの原子間の直接交換積分が強磁性の原因とは考えられなくなった.ただし,何らかの交換相互作用が強磁性の原因であることは変わりなく,最近ではバンド計算により,正しい値が得られている.金属強磁性体については第6章で述べる.

4.1.2 ハイゼンベルグハミルトニアンと交換相互作用のベクトル表示

交換積分 J_{ex} の起因はさておき,原子 i と原子 j (以後,特に断らない限り,最近接原子間の交換積分のみを $J_{ex}\neq 0$ とする)の間の結合エネルギーがそれらの原子に局在する不対電子のスピン方向に依存することに着目し,スピン演算子を S_i,S_j とすると(4-2)式は,スピン方向に依存しない定数項を除いて

$$\mathcal{H} = -2J_{ij}\mathbf{S}_i \cdot \mathbf{S}_j \tag{4-5}$$

と表せる．これをハイゼンベルグハミルトニアン（Heisenberg Hamiltonian）とよび，強磁性理論の出発点としてしばしば使われる．以下に，なぜこのように表せるかを各原子に1個の不対電子がある場合について説明する．

各原子のスピン演算子を $\mathbf{s}_1$, $\mathbf{s}_2$ とし，それらの合成スピン角運動量演算子を $\mathbf{S}$ とすると，$\mathbf{s}_1$ と $\mathbf{s}_2$ は可換（$\mathbf{s}_1\cdot\mathbf{s}_2 = \mathbf{s}_2\cdot\mathbf{s}_1$ が成り立つ）なので

$$2\mathbf{s}_1\cdot\mathbf{s}_2 = (\mathbf{s}_1 + \mathbf{s}_2)^2 - \mathbf{s}_1^2 - \mathbf{s}_2^2 = \mathbf{S}^2 - \mathbf{s}_1^2 - \mathbf{s}_2^2 \tag{4-6}$$

と書ける．$\mathbf{S}^2$ はスピン（↑↑）のとき，$\mathbf{S}^2 = 1\cdot(1+1) = 2$，（↑↓）のとき，$\mathbf{S}^2 = 0$，また，$\mathbf{s}_1^2 = \mathbf{s}_2^2 = \frac{1}{2}\left(\frac{1}{2}+1\right) = \frac{3}{4}$ に注目し，演算子 $\frac{1}{2}(1 + 4\mathbf{s}_1\cdot\mathbf{s}_2)$ を計算すると

（↑↑）に対し，$2\mathbf{s}_1\cdot\mathbf{s}_2 = 2 - 2\times\frac{3}{4} = \frac{1}{2} \Rightarrow \frac{1}{2}(1 + 4\mathbf{s}_1\cdot\mathbf{s}_2) = +1$

（↑↓）に対し，$2\mathbf{s}_1\cdot\mathbf{s}_2 = 0 - 2\times\frac{3}{4} = -\frac{3}{2} \Rightarrow \frac{1}{2}(1 + 4\mathbf{s}_1\cdot\mathbf{s}_2) = -1$

が得られる．したがって，(4-2) $= K - \frac{1}{2}J_{ex}(1 + 4\mathbf{s}_1\cdot\mathbf{s}_2)$ と書ける．これを一般の $\mathbf{S}$ に拡張しスピン演算子に依存する項のみを考えれば，ハイゼンベルグハミルトニアン(4-5)が得られる．ここで，$\mathbf{S}_i$, $\mathbf{S}_j$, したがって $\mathcal{H}$ は本来量子力学的な演算子であり，i, j スピンが平行のとき $-J_{ex}$ を，反平行のとき $+J_{ex}$ となるが，$\mathbf{S}$ をスピン方向と大きさを表す古典的ベクトルと見なし，E をスカラー量である相互作用エネルギーとして

$$E_{ij} = -2J_{ij}\mathbf{S}_i\cdot\mathbf{S}_j \tag{4-5'}$$

と書くこともある．$\mathbf{S}_i\cdot\mathbf{S}_j$ はベクトルの内積であり，当然 $J_{ij} > 0$ であれば，$\mathbf{S}_i$, $\mathbf{S}_j$ が同一方向，すなわち強磁性になろうとする力を与える．これを，交換相互作用のベクトル表現とよび，以後これに基づき議論を進める．

4.2 磁化の温度依存性とキュリー温度

4.2.1 ワイスの分子場近似

(4-5)式は原子対間の相互作用であり，結晶内には無数の原子対が存在する．このような多体系を統計熱力学で扱うのは難しく，何らかの近似が必要である．最も簡単でかつ有力な方法は相互作用の平均値を分子場という形に置き換える方法である．ワイス（P. Weiss）は図4-3に示すように，中心の磁気モーメントに働く力を，周りの

4.2 磁化の温度依存性とキュリー温度

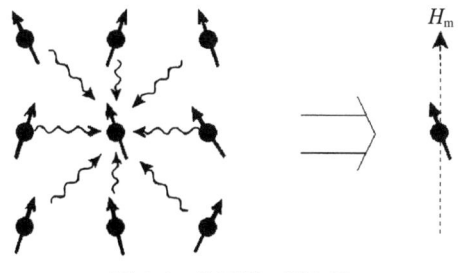

図 4-3 分子場の概念図

磁気モーメントから受ける力の平均と見なし，さらにこの力を自発磁化 M に比例する磁場

$$H_\mathrm{m} = \alpha M \tag{4-7}$$

と見なし強磁性体の多くの性質を説明した．この等価磁場をワイスの分子場といい α を分子場係数とよぶ．

4.2.2 交換積分と分子場係数

ワイスが分子場モデルを提唱した時代はまだ量子力学も未完成で，強磁性の原因もわかっていなかったが，現在ではハイゼンベルグモデルと関係付けられ，分子場係数は交換積分に比例することが予想される．この関係を(4-5′)式から導いておく．

交換積分 J_{ij} は最近接原子間のみに値 J_ex をもつとし，ワイスの考え方を適用すると，j 番目のスピンのエネルギーは

$$\begin{aligned} E_j &= -2J_\mathrm{ex}\sum_{i=1}^{z} \boldsymbol{S}_i \cdot \boldsymbol{S}_j \approx -2J_\mathrm{ex} z \langle S_i \rangle S_j \\ &= -\frac{2J_\mathrm{ex} z (N g \mu_\mathrm{B} \langle S_i \rangle)}{N g^2 \mu_\mathrm{B}^2} g \mu_\mathrm{B} S_j = -\frac{2J_\mathrm{ex} z}{N g^2 \mu_\mathrm{B}^2} M \mu_j \end{aligned} \tag{4-8}$$

と書ける．ここで，z は最近接原子数である．一方，$E_j = -H_\mathrm{m}\mu_j$ として，(4-7)式と比較すると，分子場係数

$$\alpha = \frac{2J_\mathrm{ex} z}{N g^2 \mu_\mathrm{B}^2} \tag{4-9}$$

が得られる．

4.2.3 自発磁化の温度依存性

簡単のため $S=1/2$ の場合について，外部磁場 H の代わりに分子場 H_m を(3-6)式

に代入する（一般の J については $\tanh(x)$ の代わりに $B_J(x)$ を使えばよい）．

$$M = N\mu_B \tanh\left(\frac{\alpha \mu_B M}{k_B T}\right) \tag{4-10}$$

この式は，α，T をパラメータ，M を変数とする代数方程式で，パソコンで数値計算をすれば容易に自発磁化 M の温度依存性を求めることができるが，ここでは物理的意味を明らかにするため，グラフによる解を求めてみよう．

$$x = \frac{\alpha \mu_B M}{k_B T} \quad \text{すなわち} \quad M = \frac{k_B T}{\alpha \mu_B} x$$

で変数 x を定義すると，(4-10)式を満たす M は直線 $M = \frac{k_B T}{\alpha \mu_B} x$ と $M = N\mu_B \tanh x$ の交点から求まる（図 4-4 参照）．直線の勾配は T に比例するので，$T < T_C$ では $x=0$ と $x>0$ で 2 つの解が求まり，$x>0$ での交点が自発磁化 M_s を与える．

$T = T_C$ では $x=0$ で二重根となり，この条件よりキュリー温度 $T_C = \alpha N\mu_B^2/k_B$ が求まる．

$T > T_C$ では $x=0$ のみが解となり自発磁化をもたない常磁性領域となる．

一般の J について M を求めるためには，(4-10)式の代わりに，(3-10)式で定義した $B_J(x)$ を使い

$$M = Ng_J\mu_B J B_J\left(\frac{\alpha g_J \mu_B JM}{k_B T}\right) \tag{4-11}$$

とすればよく，また，T_C については，展開式(3-11)を用いると

$$T_C = \frac{\alpha N g_J^2 \mu_B^2 J(J+1)}{3k_B} = \alpha C \tag{4-12}$$

が得られる．さらに，磁気モーメントがスピン角運動量 S のみからなる場合は分子場係数と交換積分の関係式(4-9)式を用い

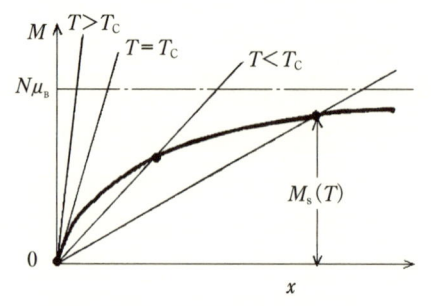

図 4-4 分子場モデルによる自発磁化のグラフによる解法

4.2 磁化の温度依存性とキュリー温度

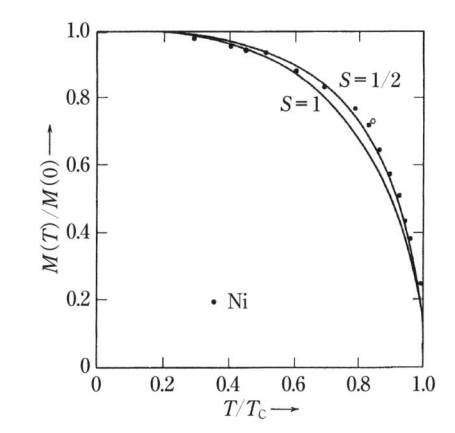

図 4-5 Ni の磁化温度曲線と $S=1$ および $S=1/2$ に対する分子場モデルによる計算値

$$T_{\text{C}} = \frac{2J_{\text{ex}}zS(S+1)}{3k_{\text{B}}} \tag{4-13}$$

が成り立つ．

自発磁化の温度依存性については，Ni の実験値と $S=1$, $S=1/2$ の計算値を図 4-5 に示す．単純なモデルにかかわらず，$S=1/2$ の計算値とよい一致を示す．

4.2.4　$T > T_{\text{C}}$ での帯磁率（キュリー-ワイスの法則）

$T > T_{\text{C}}$ では，外部磁場がなければ $M=0$，したがって分子場も働かないが，外部磁場 H をかけると磁化 M が誘起され分子場 aM が発生する．このとき，誘起される磁化は χ_{C} を相互作用のないときの帯磁率，すなわちキュリーの常磁性帯磁率 $\chi_{\text{C}} = C/T$ とすると

$$M = \chi_{\text{C}}(H + aM) \Rightarrow M(1 - a\chi_{\text{C}}) = \chi_{\text{C}} H \tag{4-14}$$

したがって，容易にキュリー-ワイスの法則

$$\chi = \frac{M}{H} = \frac{\chi_{\text{C}}}{1 - a\chi_{\text{C}}} = \frac{C}{T - aC} = \frac{C}{T - T_{\text{C}}} \tag{4-15}$$

が導ける．ここで，$T_{\text{C}} = aC$ であり，当然(4-12)式と一致する．

4.2.5 分子場近似の限界

(1) 低温での磁化温度曲線とスピン波

$S=1/2$ の場合,0 K での磁化は $M(0)=N\mu_B$ なので,(4-10)式より

$$\frac{M(T)}{M(0)}=\tanh\left(\frac{\alpha\mu_B M}{k_B T}\right)=\frac{e^{\frac{\alpha\mu_B M}{k_B T}}-e^{\frac{-\alpha\mu_B M}{k_B T}}}{e^{\frac{\alpha\mu_B M}{k_B T}}+e^{\frac{-\alpha\mu_B M}{k_B T}}}=\frac{1-e^{\frac{-2\alpha\mu_B M}{k_B T}}}{1+e^{\frac{-2\alpha\mu_B M}{k_B T}}} \tag{4-16}$$

十分低温では $e^{\frac{-2\alpha\mu_B M}{k_B T}}\ll 1$ なので

$$\frac{M(T)}{M(0)}\approx 1-2e^{\frac{-2\alpha\mu_B M}{k_B T}} \Rightarrow \frac{M(0)-M(T)}{M(0)}=\frac{\Delta M}{M(0)}\approx 2e^{\frac{-2\alpha\mu_B M}{k_B T}}\approx 2e^{\frac{-2\alpha\mu_B M(0)}{k_B T}}$$

と近似でき,ΔM は指数関数的に変化する.実際には $\dfrac{\Delta M}{M(0)}\propto T^{3/2}$ と温度の 3/2 乗に比例して変化し,実験と一致しない.ΔM が指数関数的に変化するのは,分子場近似では低温でスピンを反転するには,図 4-6(a)に示すように,$\Delta E=2\alpha M(0)\mu_B$ のエネルギー障壁が存在するためである.実際には1個のスピンを傾けると交換相互作用のため隣接スピンも傾き結晶中を波として伝わる.これをスピン波とよび,量子化されたスピン波をマグノンとよぶ.このような取り扱いは,固体の比熱を求めるときのアインシュタインモデルとデバイモデルに相当し,マグノンはフォノンに相当する.

ここでは簡単なモデルによりなぜ低温の磁化の減少が $T^{3/2}$ に比例するのかを説明しておく.今,図 4-6(b)に示すようにスピンベクトルが面内で波長 λ の周期で回転するとする.隣り合ったスピン間の角度は,原子間隔を a とすると $\theta=2\pi a/\lambda=aq$ なので,(4-5′)式は $E_{ij}=-2J_{ex}S^2\cos(aq)$ となり,波長の長い場合について,傾きのない場合との差(励起エネルギー)は1原子対当たり,$\varepsilon_q=2J_{ex}S^2\{1-\cos(aq)\}\approx$

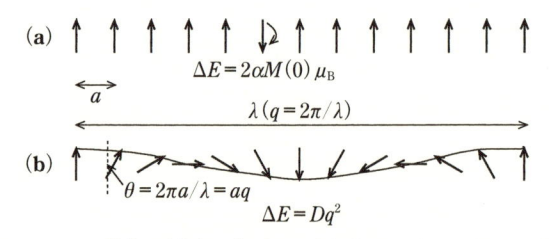

図 4-6 低温における磁化の減少の概念図((a)分子場モデル.1個のスピンが反転するには,$\Delta E=2\alpha M(0)\mu_B$ のエネルギーが必要.(b)波長 λ の周期で面内で古典的ベクトルスピンが回転するモデル.隣り合ったスピン間の傾きは $\theta=aq$ で与えられる)

4.2 磁化の温度依存性とキュリー温度

$J_{ex}S^2a^2q^2=Dq^2$ とスピン波の波数 q の2乗に比例する．実際には面内で回転するわけではないので，比例係数（スピン波分散係数 D）は別に求める必要がある．量子力学によると，1個のマグノンが励起されると $1\mu_B$ だけ磁化が減少し，マグノンの数はプランク分布関数で与えられるので，低温での磁化の減少は

$$\Delta M = M(0) - M(T) = \mu_B \sum_q \langle n_q \rangle = \mu_B \int_{q=0}^{q_c} \frac{\mathfrak{D}(\varepsilon_q)d\varepsilon_q}{e^{\varepsilon_q/k_BT}-1}$$
$$\approx \frac{V\mu_B}{4\pi^2}\left(\frac{k_BT}{D}\right)^{3/2}\int_0^\infty \frac{x^{1/2}dx}{e^x-1} = 0.117 V\left(\frac{k_BT}{D}\right)^{3/2}\mu_B \quad (4\text{-}17)$$

で与えられる（付録B参照）．ここで，V は試料の体積，$\mathfrak{D}(\varepsilon_q)$ はマグノンのモード密度，$x=\varepsilon_q/k_BT$ である．正確な計算によれば，最近接原子間の交換積分のみを考えた場合，$D=2J_{ex}Sa^2$ となり，$M(0)=2NS\mu_B$，$N=\dfrac{V}{a^3}n$ （a：格子定数，n：単位胞当たりの原子数 bcc 2，fcc 4）を考慮すると

$$\frac{\Delta M}{M(0)} = \frac{0.117a^3}{2Sn}\left(\frac{k_BT}{D}\right)^{3/2} = \frac{0.0587}{S}\left(\frac{k_BT}{2J_{ex}S}\right)^{3/2}\frac{1}{n} \quad (4\text{-}18)$$

が得られる[6]．したがって，低温での自発磁化の温度依存性を測定することにより，分散係数 D あるいは，交換積分 J_{ex} を求めることができる．なお，D は非弾性中性子散乱によって直接求めることができる（7.7.1節参照）．

（2） キュリー点付近の帯磁率と自発磁化

分子場モデルでは，キュリー温度以上では磁気モーメントの向きは完全に無秩序になると想定しているが，実際には短距離秩序が存在し，キュリー温度以下でも短距離秩序による揺らぎが存在する．そのため，分子場近似の解からかなりのずれが生じる．実験的には，キュリー点付近の帯磁率，磁化を

$$\chi \propto (T-T_C)^{-\gamma} \quad T > T_C$$
$$M_s \propto (T_C-T)^\beta \quad T < T_C$$
$$M \propto H^{\frac{1}{\delta}} \quad T = T_C$$

で表す．γ，β は臨界指数とよばれ，導出法は4.3.2節で示すが，分子場近似では，$\gamma=1$，$\beta=1/2$，$\delta=3$ となる．実測値は物質にもよるが，$\gamma\approx 1.3$，$\beta\approx 0.3$，$\delta\approx 4$ くらいの値になる．このような値やそれらの間の関係式を説明するため多くの統計力学的モデルが提出されている[7]．

4.3 磁性体の熱力学

4.3.1 熱力学関数と熱力学変数

磁性体のもつエネルギーは基準点をどこにとるかによりいろいろな場合が考えられる．すでに，磁場 H 中にある磁気モーメント M のポテンシャルエネルギーは $U = -M\cdot H$ で与えられることを示した．ここでは磁場 H をかけ磁性体を M まで磁化するときの仕事を求める．図 4-7 に磁場をかけたときの磁化変化を気体に圧力をかけたときに成される仕事と対比して示す．両者とも縦軸×横軸，すなわち MH，PV はエネルギーの次元をもつが，気体の場合は圧力 P が $P+dP$ に増加することにより，体積が $V+dV(dV<0)$ に変化した場合，なされる力学的仕事は簡単に計算でき $dW = -PdV$ となり，V_1 から V_2 まで変化したときなされる仕事は，$W = -\int_{V_1}^{V_2} PdV$ で与えられる．磁場を dH 変化することによりなされる仕事は MdH，HdM のどちらか？ H が P と同じ示強変数で，M，V が示量変数であることを考えると $dW = HdM$ となることが予想されるが力学的仕事がなされるわけでないのでそれほど自明でない．ここでは，図 4-8 に示すような，断面積 S，単位長さ当たり巻数 n の十分長いソレノイドコイル中においた磁性体の長さ l の部分を磁化するのに要する電気エネルギーを計算する．このコイルに流れる電流を i [A] とすると，内部に磁場 $H = ni$ [A/m] が発生する．内部が磁化 I [Wb/m²]，したがって $M = SlI$ [Wb·m] の磁性体で満たされるとすると，総磁束は $\Phi = S(\mu_0 H + I) = S\mu_0 H + M/l$ となる．時間 t_1 から t_2 にかけて電流 i を増やし，磁場が $H_1 \to H_2$ に，M が $M_1 \to M_2$ に増加したとすると，コイルの中で図 4-8 で示す l の両端に $V = -nl\dfrac{d\Phi}{dt} = -Snl\mu_0\dfrac{dH}{dt} - n\dfrac{dM}{dt}$ の

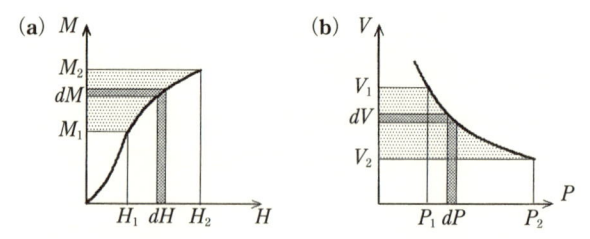

図 4-7 （a）磁場により磁性体になされる仕事，（b）圧力により気体になされる仕事

4.3 磁性体の熱力学

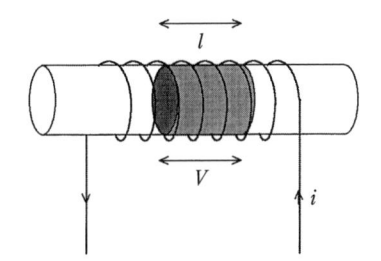

図 4-8 ソレノイドコイルがつくる磁場が磁性体になす仕事

電圧が発生する．この電圧に抗して電流がなす仕事は

$$W=-\int_{t_1}^{t_2}iVdt$$
$$=Sl\mu_0\int_{t_1}^{t_2}H\frac{dH}{dt}dt+\int_{t_1}^{t_2}H\frac{dM}{dt}dt=Sl\mu_0\int_{H_1}^{H_2}HdH+\int_{M_1}^{M_2}HdM$$
$$=\frac{1}{2}Sl\mu_0H^2+\int_{M_1}^{M_2}HdM$$

で与えられる．最右辺第1項は磁場のエネルギーを表し，第2項が今求めようとしている磁性体のエネルギーの増加に相当する．このように，力学的仕事と比較すると，M が V に，H が $-P$ に対応することがわかる．

したがって，力学系で得られる $dF=-SdT-PdV$ というおなじみの F の微分表示式に対応し定積条件下での磁気系では

$$dF=-SdT+HdM \tag{4-19}$$

となる．同様にして関係式

$$dU=d(F+TS)=TdS+HdM,\ dG=d(F-HM)=-SdT-MdH,$$
$$dE=d(U-HM)=TdS-MdH \tag{4-20}$$

が得られる．E は力学系のエンタルピーに相当する．また，これらの式から多くのマクスウェルの関係式，たとえば G に対して，$\frac{\partial}{\partial H}\left(\frac{\partial G}{\partial T}\right)_H=\frac{\partial}{\partial T}\left(\frac{\partial G}{\partial H}\right)_T$ より

$$\left(\frac{\partial S}{\partial H}\right)_T=\left(\frac{\partial M}{\partial T}\right)_H \tag{4-21}$$

が得られるが，この関係式は12.3節で紹介する磁気冷凍機の作業物質に磁性体を使うときに重要な情報を与える．

以上はあくまで，磁場が磁性体になす仕事 W の見積もりであったが，ポテンシャルエネルギー $U_M=-\boldsymbol{M}\cdot\boldsymbol{H}$ も考慮すると，磁場によって誘起された磁化 M をもつ

磁性体のエネルギー E_M は両者の和で与えられる。ここで，図 4-7(a) において，MH がつくる長方形の面積が磁化曲線で区切られた 2 つの領域の面積の和と等しいので

$$MH = \int_0^H MdH + \int_0^M HdM \tag{4-22}$$

が成り立ち

$$E_M = U_M + W = -MH + \int_0^M HdM = -\int_0^H MdH \tag{4-23}$$

で与えられる。したがって，帯磁率 χ の常磁性体のエネルギーは $M = \chi H$ と置き

$$E_M = -\chi \int_0^H HdH = -\frac{1}{2}\chi H^2 \tag{4-24}$$

と磁場の 2 乗に比例して低下する。

4.3.2 ランダウ展開と磁気相転移

ランダウは M，T を独立変数とする自由エネルギー F を M のべき級数で展開し，磁気相転移の現象論を議論した。すなわち

$$F(T, M) = F_0(T, 0) + \frac{1}{2}a(T)M^2 + \frac{1}{4}b(T)M^4 + \frac{1}{6}c(T)M^6 + \cdots - MH \tag{4-25}$$

ここで，MH 以外の項が偶数べきなのは磁場がなければ磁化の反転により系のエネルギーは不変だからである。時間反転の対称性とよばれることもある。初めに，外部磁場が 0 で $b = B > 0$（温度に依存しない定数とする），$c = 0$ の場合を考える。極小値を求める条件式

$$\frac{\partial F}{\partial M} = aM + BM^3 = M(a + BM^2) = 0 \tag{4-26}$$

より，自発磁化をもつためには M が 0 以外の解をもつ必要があり，$a < 0$ でなければならない。逆に，キュリー点 T_C 以上では $M = 0$ なので，係数 $a(T)$ は T_C で符号を変えなければならない。最も簡単には

$$a(T) = A(T - T_C) \quad A > 0 \text{ (定数)} \tag{4-27}$$

とすればよい。そうすると，$T < T_C$ では (4-26) 式より

$$M^2 = \frac{A}{B}(T_C - T) \Rightarrow M = \sqrt{\frac{A}{B}}(T_C - T)^{1/2} \tag{4-28}$$

が得られる。なお同様な結果は分子場モデルのグラフ解を求める過程で (4-11) 式の $B_J(x)$ として x の 3 次までの展開式 (3-11) を使えば得られる。

$T > T_C$ では，(4-19) 式より

$$H = \frac{\partial F}{\partial M} \Rightarrow \frac{1}{\chi} = \frac{\partial H}{\partial M} = \frac{\partial^2 F}{\partial M^2} \tag{4-29}$$

また，自発磁化はなく，$M=0$ としていいので，$\chi = \frac{1}{A(T-T_c)}$ とキュリー-ワイス則が得られる．すなわち，この展開式は分子場近似に対応した解を与えることがわかり，係数 A, B は分子場モデルで用いた a, J_{ex} などの関数として求めることができる．

$T=T_c$ における M-H 曲線は，(4-27)式より $a(T)=0$ なので，$F=\frac{1}{4}BM^4 - MH$ とし，$\frac{\partial F}{\partial M} = BM^3 - H = 0$ より，$M = B^{-\frac{1}{3}} H^{\frac{1}{3}}$ となる．これらの式より，前節で示した分子場モデルでの臨界指数 $\gamma=1$, $\beta=1/2$, $\delta=3$ が得られる．

次に，この系のエントロピーと比熱を求めてみよう．T_c 以下では，(4-27)，(4-28)を(4-25)式に代入しエントロピー $S = -\left(\frac{\partial F}{\partial T}\right)_M$ を求めると，$b = B$ は温度に依存しない定数なので

$$S = -\frac{\partial F}{\partial T} = -\frac{\partial F_0}{\partial T} - \frac{1}{2}\frac{\partial a(T)}{\partial T}M^2$$

$a(T)$ は(4-27)式，M^2 は(4-28)式で与えられるので

$$S = S_0 + \frac{A^2}{2B}(T - T_c) \tag{4-30}$$

とかけ，T_c でエントロピーのとび，したがって潜熱はない．比熱は $C = T\frac{\partial S}{\partial T}$ で与えられるので，T_c 以下では，$C = T\frac{\partial S_0}{\partial T} + T\frac{A^2}{2B}$, T_c 以上では $M=0$ なので第2項の寄与が消え比熱は不連続に減少する．自由エネルギーの2次微分である比熱が T_c において不連続に変化するので磁気転移は2次相転移と見なせる．

●キュリー温度の決め方

キュリー温度は自発磁化が消失する温度として定義できるが，実際に磁化を測定しようとすると磁場 H をかけてやる必要がある．上の解析から有限磁場下では磁化は T_c 以上でも0にならず $M(T)$ は連続的に変化しキュリー温度は定義できない．何らかの方法で $H\to 0$ への外挿値を求めてやることが必要である．最も簡単には，できるだけ小さい磁場（数十〜数百 A/m）で磁化温度曲線を測定し急激に0に近づく温度をキュリー温度とすればよい．ただし，このとき，後に述べる磁壁や反磁場の影響で，得られた値は本来の磁化（ドメイン磁化）とは限らないことに注意しなければな

らない．ここで，ランダウ展開式から得られる合理的な外挿法を紹介しておく．(4-26)式を導く際，$H\neq 0$ とすると

$$aM+BM^3-H=A(T-T_\mathrm{C})M+BM^3-H=0 \tag{4-31}$$

が得られ，両辺を BM で割り整理すると

$$M^2=-\frac{A}{B}(T-T_\mathrm{C})+\frac{1}{B}\frac{H}{M} \tag{4-32}$$

と書ける．T_C 近傍の各温度で測定した $M-H$ のデータを元に縦軸に M^2，横軸に H/M を取りプロットしてやると，平行な直線が得られるはずであり，その直線の M^2 軸切片が 0 となる温度を T_C としてやればよい．このような方法を提唱者にちなんでアロット（Arrott）プロットという．ただし，この方法も上の方法と同じく小さい H の範囲では正しい磁化が求まらず直線からずれるので，より大きな磁場での値で直線に乗る部分からの外挿した切片をとる．さらに，分子場近似の限界から大きな磁場でも直線からずれることもありあくまでひとつの便法である．

● $B<0$ の場合（1次転移）

ほとんどの場合，磁気転移は2次相転移であるが，ときどき，不連続に自発磁化が消失する場合，すなわち1次転移を示す物質もある．ミクロなメカニズムは後に議論するとしてランダウ展開式からどのような場合に1次転移が生じるかを見ておこう．初めに，展開式(4-25)の4次の係数を負の定数 $B<0$ とする．この場合 $a(T)$ の正負にかかわらず M が大きくなれば F は負に発散し最小値をとらない．最小値をもつには $c(T)=C>0$ と M^6 の項を導入してやる必要がある．図4-9にランダウ展開の F-M 曲線を示すが，$B>0$，$C=0$ の2次転移の場合（図4-9(a)）は極小値は $M\geq 0$

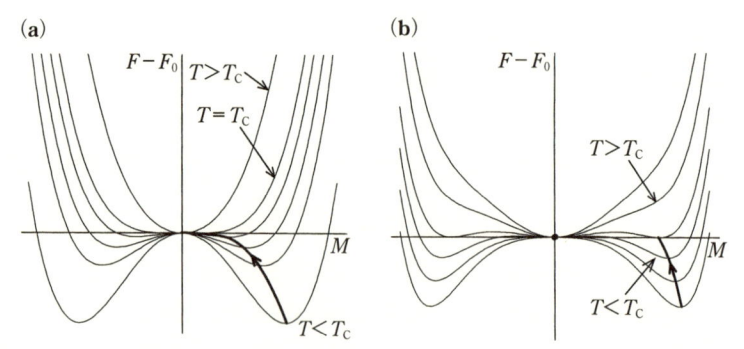

図 4-9 ランダウ展開による磁気自由エネルギー（(a)2次転移を示す場合：$B>0$，$C=0$，(b)1次転移を示す場合：$B<0$，$C>0$）

の範囲では1つであり，M は連続的に0に近づくが，$B<0$，$C>0$ の場合は図4-9(b)に示すように2つの極小値を示し，磁化は不連続的に0となり，1次転移を示すことがわかる．

演習問題 4

4-1 強磁性鉄について，(1) 分子場係数 (a) を求めよ．(2) 0 K での分子場を求めよ．(3) 最近接交換相互作用のみが働くとして，交換相互作用 J_{ex} を求めよ（単位は J およびその温度換算値）．ただし，Fe 原子のスピン量子数は $S=1$，$M(0)=2.19$ Wb/m^2 とせよ．また，必要なら鉄の格子定数 $a=2.87$ Å を使え．

4-2 純鉄の自発磁化の温度変化は低温で
$$\frac{M(T)}{M(0)}=1-3.4\times 10^{-6}T^{\frac{3}{2}}$$
と近似できる．$S=1$ として，スピン波分散係数 D，交換積分 J_{ex} を求めよ．D は中性子非弾性散乱の実験より直接求めることができる．鉄については $D=280$ meVÅ^2 と求められている．実測値と比較せよ．

4-3 分子場理論により，キュリー温度直下の自発磁化の温度依存性を求め，ランダウ展開より求めた(4-28)式と同様 M^2 が (T_c-T) に比例して変化することを示せ．また比例係数 A/B を求めよ．

5. 反強磁性とフェリ磁性

　原子磁気モーメント間に働く交換力が負なら反強磁性体となるはずである．これは，Néelにより予言され，中性子回折によりその存在が確認された．反強磁性体を実際に使うことは特殊な用途以外にはないが，その延長線上にあるフェリ磁性体はフェライト磁石として知られるポピュラーな磁性材料である．ここでは，負の交換相互作用の原因，反強磁性体，フェリ磁性体の分子場理論について述べる．

5.1　反強磁性

　図5-1にMnOの結晶構造と磁気構造を示す．磁気モーメントの配列を磁気構造といい，中性子回折により決めることができる．原子炉から出る室温の熱エネルギーをもつ中性子はド・ブロイの関係式から約1Åの波長の物質波で，これを単色化することにより回折パターンを得ることができる．X線と異なり，中性子はスピン，したがって磁気モーメントをもつので磁性原子のスピン方向に依存する散乱能を示し，たとえばこの例では，結晶単位格子はNaCl型fccであるが，スピン方向も区別した磁

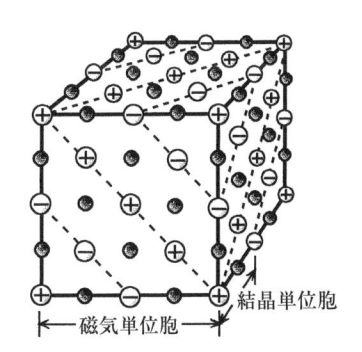

図 5-1　MnOの結晶構造と磁気構造（⊕，⊖はそれぞれ＋スピン，－スピン Mn^{2+} イオン．●は酸素イオンを表す）

気単位胞はその2倍（体積は8倍）となり，超格子回折線が観測され，その強度を解析することによりスピン方向と大きさを決定することが可能である．この場合，(111)面ごとにスピン方向が反転した反強磁性であることがわかる（中性子回折については7.7.1節参照）．

5.1.1 超交換相互作用

図5-1を見ると，+，−スピンをもつMn^{2+}イオンの中間にはO^{2-}イオンが存在することがわかる．一般にイオン性の遷移金属化合物は反強磁性を示すことが多いが，これらの場合も陰イオンを介した負の交換相互作用が原因となっている．これを超交換相互作用とよぶが，再びMnOを例にとりメカニズムを定性的に説明しておく．

遷移金属酸化物は完全なイオン結晶でなくいくぶん共有結合性をもっている．この場合，本来完全に満ちているはずの酸素のp電子が，隣のMn^{2+}イオンの$3d$軌道にも飛び移ることがある（量子力学的にいえば，2次摂動効果により酸素のp_z軌道にMnのd_{z^2}軌道が混ざり，σ結合軌道を形成する）．このとき，Mn^{2+}の↑スピン軌道は5つの電子で満たされており（half-filled状態），↓スピン電子しか飛び移れない．残された酸素イオンの電子は↑スピン電子であり，この電子と右側のMn^{2+}イオンとの直接交換相互作用（$J_{ex}<0$）により，右側Mn^{2+}イオンのスピン方向は↓となる．この結果左右のMn^{2+}イオンのスピン方向は逆向きとなり，あたかも負の交換相互作用が働いたように見える．これを超交換相互作用とよぶ．ただし，その符号は，遷移金属イオンの電子数，T-O-T（T：遷移金属原子）がなす角度により異なり，強磁性的相互作用となるときもある．表5-1に反強磁性体の例を示しておく．ネール温度

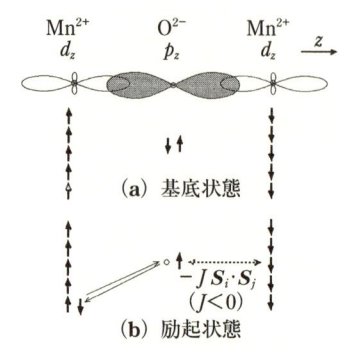

図 5-2　超交換相互作用の概念図

5.1 反強磁性

表 5-1 反強磁性体のネール温度とワイス温度

物 質	磁性イオンの格子	ネール温度 T_N (K)	ワイス温度 Θ (K)
MnO	fcc	116	610
MnS	fcc	160	528
MnTe	hexagonal	307	690
MnF_2	bct	67	82
FeF_2	bct	79	117
$FeCl_2$	hexagonal	24	48
FeO	fcc	198	570
$CoCl_2$	hexagonal	25	38.1
CoO	fcc	291	330
$NiCl_2$	hexagonal	50	62.2
NiO	fcc	525	～2000
Cr	bcc	308	

は強磁性のキュリー温度に相当し，反強磁性磁気秩序が生じる温度である．表から，F^- や Cl^- などのハロゲンイオン結晶のネール温度が酸化物などのカルコゲン結晶より低いことがわかる．これは共有結合性が強いほど波動関数の混ざりが強く超交換相互作用が大きくなるためと解釈できる．

5.1.2 反強磁性体の分子場理論

　反強磁性体は結晶格子を＋スピン原子のつくる格子（＋スピン副格子）と－スピン原子のつくる格子（－スピン副格子）に分けることができる．前節に挙げた MnO は fcc なので少しわかりにくいので，図 5-3 に示すような bcc 結晶のコーナーサイト（A 副格子）に＋スピンを置き，体心位置（B 副格子）に－スピンを置いた反強磁性を念頭に置き分子場理論を展開する．ただし，fcc 結晶においても以下の議論は同じように成り立つ．

　磁性原子の数を N とすれば，当然副格子原子数はいずれも $N/2$ である．A 副格子の磁化を M_A，B 副格子の副格子磁化を M_B とし，副格子内の分子場係数を w_{AA}，w_{BB} とし，副格子間の分子場係数（A 副格子の磁気モーメントが B 副格子に及ぼす分子場およびその逆）を w_{AB}，w_{BA} とする．反強磁性体の場合 A，B 副格子は同一の磁性原子なので，$w_{AA}=w_{BB}=\alpha$ と書ける．反強磁性が実現するためには副格子間の相互作用は負である必要があり，$w_{AB}=w_{BA}=-\gamma<0$，すなわち $\gamma>0$ でなければならない．α の符号はどちらでもよいが，後に示すように，$\alpha<0$ のときは $|\alpha|<\gamma$ でなけれ

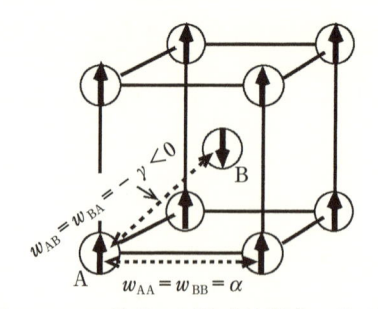

図 5-3 bcc 結晶の反強磁性構造と分子場

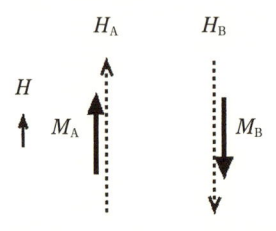

図 5-4 反強磁性の分子場

ばならない.

A 副格子,B 副格子に働く有効磁場 H_A, H_B は,外部からかけた磁場を H とすると

$$H_A = H + \alpha M_A - \gamma M_B \tag{5-1 a}$$

$$H_B = H - \gamma M_A + \alpha M_B \tag{5-1 b}$$

と書ける.太字はベクトルを表し,実際の方向は図 5-4 に示す.

(1) 反強磁性状態の副格子磁化の温度変化

反強磁性状態にあるときの副格子磁化は強磁性の自発磁化に相当し,外部磁場 $H=0$ と置き分子場モデルを適用して解けばよい.このとき,A 副格子磁化と B 副格子磁化は,方向は反対だが絶対値は等しいので,$M_A = -M_B$, $|M_A| = |M_B| = M_s$ と置いてよく,A 副格子についてのみ解を求めればよい.(5-1 a)式のベクトルの方向に注意し,スカラー量 M_s で書き直すと

$$|H_A| = \alpha M_s + \gamma M_s = (\alpha + \gamma) M_s \tag{5-2}$$

となり,A 副格子の磁化に対し(4-11)式と同じように

$$|M_\mathrm{A}|=M_\mathrm{s}=M_\mathrm{s0}B_J\left\{\frac{(\alpha+\gamma)g_J\mu_\mathrm{B}JM_\mathrm{s}}{k_\mathrm{B}T}\right\} \tag{5-3}$$

が成り立つ．ここで，$M_\mathrm{s0}=\frac{1}{2}Ng_J\mu_\mathrm{B}J$ は 0 K での副格子磁化である．したがって，両副格子は符号が逆なだけで，強磁性体の自発磁化と同じ温度変化をする．磁気転移点（ネール温度，T_N）は，強磁性の T_C と比べると，$\alpha\to\alpha+\gamma$，$N\to N/2$ と置き代わるだけで，$T_\mathrm{N}=\frac{1}{2}(\alpha+\gamma)C$（$C$：キュリー定数）が得られる．$T_\mathrm{N}>0$ でなければならないので，$\alpha<0$ のときは $|\alpha|<\gamma$ でなければならないことがわかる．

（2） T_N 以上の帯磁率

T_N 以上では外部磁場がなければ $M_\mathrm{A}=M_\mathrm{B}=0$ であり，外部磁場をかけると M_A，M_B はともに磁場方向に誘起される．この場合 A, B 副格子は等価なので

$$M_\mathrm{A}=M_\mathrm{B}=\frac{1}{2}M \quad [M=M_\mathrm{A}+M_\mathrm{B}] \tag{5-4}$$

と書き，A 副格子に注目すれば，(5-1 a)式より

$$H_\mathrm{A}=H+\alpha M_\mathrm{A}-\gamma M_\mathrm{B}=H+\frac{1}{2}(\alpha-\gamma)M \tag{5-5}$$

ベクトル成分はすべて外部磁場方向のみなので正のスカラー量とみなしてよく，有効磁場 H_A に対してキュリー則を適用すると

$$M_\mathrm{A}=\frac{M}{2}=\frac{C}{2T}H_\mathrm{A}=\frac{C}{2T}\left[H+\frac{(\alpha-\gamma)}{2}M\right] \tag{5-6}$$

となり，反強磁性体のキュリー-ワイス則

$$\chi=\frac{M}{H}=\frac{C}{T+(\gamma-\alpha)C/2}=\frac{C}{T+\Theta}, \quad \Theta=\frac{C}{2}(\gamma-\alpha) \tag{5-7}$$

が導ける．したがって，$1/\chi$ は図 5-5 に示すように，外挿値が $T=-\Theta$ で温度軸を

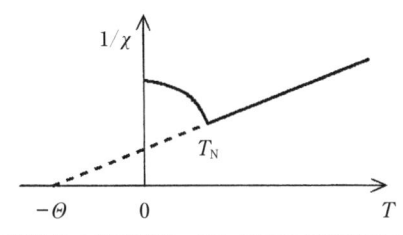

図 5-5 反強磁性体の逆帯磁率（T_N 以下の実線部分は図 5-7 参照）

切る直線となる．強磁性の場合と異なり T_N と Θ は一致しない．また，$a>0$，かつ $a>\gamma$ であれば $\Theta<0$ となり，外挿値は正の領域で温度軸を切ることに注意しよう．

（3） T_N 以下の帯磁率

反強磁性体は，（超）交換相互作用で磁気モーメントが互いに反平行に整列しているわけであるが，後述する磁気異方性により副格子磁化は結晶の特定の方向（図5-3の例では[001]，[00$\bar{1}$]軸方向）に沿って配列している．これに磁場を印加すると磁場方向に磁気モーメントが誘起され帯磁率を示すが，その大きさは配列方向と磁場がなす角によって異なった値を取る．このとき，副格子磁化と垂直および平行方向での帯磁率を求めておけば任意の方向の帯磁率および多結晶における平均の帯磁率を簡単な計算により求めることができる．

（i） 垂直帯磁率 $\chi_\perp$

外部磁場を副格子磁化方向に垂直にかけた場合 M_A, M_B は，図5-6に示すように，それぞれの有効磁場 H_A, H_B の方向に向く．A副格子に注目すると，(5-1a)式より，$H_A = H + aM_A - \gamma M_B$ であるが，この内A副格子がそれ自身に作用する分子場 aM_A は M_A と同方向なので，M_A は H と $-\gamma M_B$ のベクトル和の方向を向く．$|\gamma M_B| \gg H$ とすると，図5-6より

$$\sin\theta \approx \theta \approx \frac{H}{2|\gamma M_B|} \tag{5-8}$$

$$\begin{aligned} M &= |M_A + M_B| = 2|M_A|\sin\theta \\ &\approx 2|M_A| \cdot \frac{H}{2\gamma|M_A|} = \frac{H}{\gamma} \end{aligned} \tag{5-9}$$

したがって，垂直帯磁率は $\chi_\perp = M/H = 1/\gamma$ と分子場係数 γ だけで決まる温度によらない定数となる．

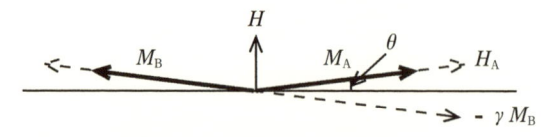

図5-6 A副格子への有効磁場

（ii） 平行磁化率

外部磁場が分子場と平行の場合，$T=0$ では，すべての原子磁気モーメントが分子場の方向に整列しているので（$|M_A| = |M_B| = \frac{1}{2}Ng_JJ\mu_B$），外部磁場を変化させても，副

5.1 反強磁性

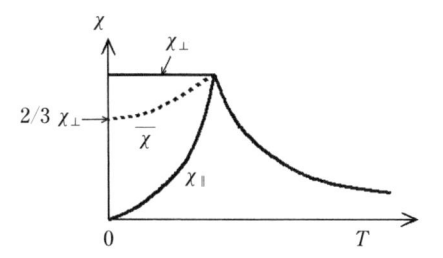

図 5-7 反強磁性体の垂直帯磁率 $\chi_\perp$，平行帯磁率 $\chi_\parallel$，多結晶の帯磁率 $\bar{\chi}$

格子磁化は変化しない．したがって，$\chi_\parallel(T=0)=0$ である．一方，T_N 以上では，平行，垂直の区別がなくなるので，$\chi(T_N)=\chi_\parallel(T_N)=\chi_\perp(T_N)=1/\gamma$ となる．中間の温度では磁場方向の副格子磁化は増加し，反平行の副格子磁化は減少するので有限の帯磁率を示す．その値の導出法は少々煩雑なので付録Cに示すが

$$\chi_\parallel(T) = \frac{\Delta M}{H} = \frac{2g_J\mu_B JM_{s0}B'_J\{g_J\mu_B J(\alpha+\gamma)M_s/k_BT\}}{k_BT + (\gamma-\alpha)g_J\mu_B JM_{s0}B'_J\{g_J\mu_B J(\alpha+\gamma)M_s/k_BT\}} \tag{5-10}$$

で与えられる．これらの結果をプロットすると図5-7に示すような温度依存性が得られる．

(iii) 多結晶の帯磁率

まず，副格子磁化方向に対し θ 度傾いた方向に磁場 H_0 をかけた場合を考える．この場合，図5-8に示すように外部磁場 H_0 を副格子磁化と平行成分 $H_\parallel$，垂直成分 $H_\perp$ に分解して考える．そうすると，各々の方向に誘起される磁化は

$$M_\parallel = \chi_\parallel H_\parallel = \chi_\parallel H_0 \cos\theta \tag{5-11 a}$$

$$M_\perp = \chi_\perp H_\perp = \chi_\perp H_0 \sin\theta \tag{5-11 b}$$

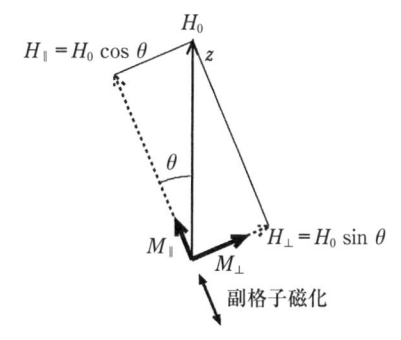

図 5-8 副格子磁化方向から θ 傾いた磁場をかけた場合の垂直，平行磁化

これらの H_0 方向への成分 M_z は

$$M_z = M_\parallel \cos\theta + M_\perp \sin\theta = (\chi_\parallel \cos^2\theta + \chi_\perp \sin^2\theta)H \tag{5-12}$$

である.

したがって

$$\chi(\theta) = \chi_\parallel \cos^2\theta + \chi_\perp \sin^2\theta \tag{5-13}$$

となる. 多結晶の帯磁率は全立体角に対する平均をとればよく

$$\bar{\chi} = \chi_\parallel \overline{\cos^2\theta} + \chi_\perp \overline{\sin^2\theta} = \frac{1}{3}\chi_\parallel + \frac{2}{3}\chi_\perp \tag{5-14}$$

が得られる (演習問題 5-1 参照). 0 K では, $\chi_\parallel(0)=0$ ゆえ

$$\bar{\chi}(0) = \frac{2}{3}\chi_\perp = \frac{2}{3}\chi(T_N) \tag{5-15}$$

となり, 温度依存性は図5-7の点線のようになる.

(4) スピンフリップとメタ磁性

上に述べたように, 反強磁性体においては一般に $\chi_\perp \geqq \chi_\parallel$ であり, 一方, 外部磁場により磁化が誘起されるときの磁性体のエネルギーは(4-24)式により, 各々の場合について, $E_\perp = -\frac{1}{2}\chi_\perp H^2$, $E_\parallel = -\frac{1}{2}\chi_\parallel H^2$ と副格子磁化が磁場と垂直になった方がエネルギーが低い. したがって, 初めに磁場を副格子磁化方向にかけ増加していったとき, そのエネルギー差が磁気異方性エネルギー K より大きくなると, 副格子磁化方向が磁場と垂直方向に転移する. これをスピンフリップとよぶ. このときの臨界磁場 H_c は, 磁気異方性エネルギーを K とすると

$$\frac{1}{2}(\chi_\perp - \chi_\parallel)H_c^2 = K \tag{5-16}$$

より

$$H_c = \sqrt{\frac{2K}{\chi_\perp - \chi_\parallel}} \tag{5-17}$$

で与えられる. 0 K 近傍では, $\chi_\perp = 1/\gamma$, $\chi_\parallel(0)=0$ より

$$H_c = \sqrt{2\gamma K} \tag{5-18}$$

となる. 実際にはこの臨界磁場はかなり大きく, 実験室レベルの磁場発生装置で転移が観測される物質はそれほど多くない.

これとは別に, 副格子間の分子場係数が小さく, 副格子内のそれが正で大きい場合, すなわち, $\alpha \gg \gamma$ の物質で, 突然すべてのスピンが磁場方向を向き強磁性状態へ

転移する場合がある．これをメタ磁性転移とよぶ．

5.2 フェリ磁性

副格子間が反強磁性的に結合し，副格子磁化の値が異なる場合，すなわち，$M_A \neq M_B$ のとき，自発磁化が発生する．これをフェリ磁性（ferrimagnetism）といい，巨視的には強磁性体であるが微視的には反強磁性体の拡張ともいえる．

5.2.1 フェリ磁性の分子場理論

フェリ磁性体の分子場理論の出発点は反強磁性の場合の(5-1)式と同様であるが，B副格子間の分子場係数を β とするところが異なっている．また，ここでは前に反強磁性体の平行磁化率を求めたときと同じように，それぞれの副格子内では，それぞれの副格子磁化の方向を＋とし，H_A, H_B, M_A, M_B を正のスカラー量として取り扱う．すなわち

$$H_A = \alpha M_A + (-\gamma)(-M_B)$$
$$= \alpha M_A + \gamma M_B \tag{5-19 a}$$
$$H_B = \gamma M_A + \beta M_B \tag{5-19 b}$$

（1） キュリー温度以下の磁化

すでにおなじみの方法に従い，分子場の基礎方程式(4-11)式を各々の副格子に当てはめればよい．すなわち

$$M_A(T) = M_{A0} B_{J_A}\left[\frac{(\alpha M_A + \gamma M_B) g_A J_A \mu_B}{k_B T}\right] \tag{5-20 a}$$

$$M_B(T) = M_{B0} B_{J_B}\left[\frac{(\gamma M_A + \beta M_B) g_B J_B \mu_B}{k_B T}\right] \tag{5-20 b}$$

ここで，M_{A0}, M_{B0} は各々A副格子，B副格子の $T \to 0$ K での磁化であるが，分子場は必ず正でなければならないという要請から，α, β が負の大きな値をもつ場合，0 K での副格子磁化が各々の最大値である $M_{A0} = N_A g_A J_A \mu_B$, $M_{B0} = N_B g_B J_B \mu_B$ となり得ないことがあることに注意する必要がある．この M_A, M_B を変数とする連立方程式を解くには，初期値を与え，得られた左辺の値を右辺に代入するという操作を解が一定値に収束するまで繰り返すいわゆるアイテレーション法による数値計算で行えばよい．各温度で副格子磁化 M_A, M_B を求めれば自発磁化 $M_S = M_A - M_B$ の温度依存性が求ま

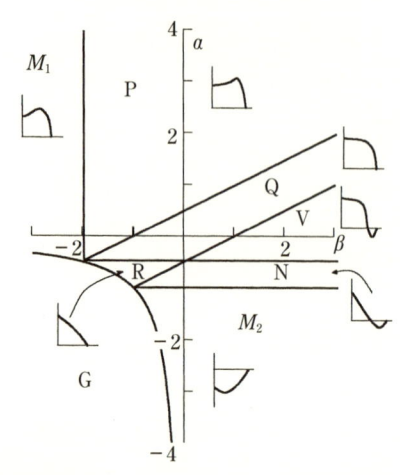

図 5-9 副格子内分子場係数 α, β の違いによって生じるさまざまな磁化温度曲線（副格子間分子場係数は $w_{AB}=-\gamma=-1$ とする．領域 G は反強磁性）．小さな図は横軸が温度，縦軸が磁化

る．$N_A g_A J_A \mu_B > M_{B0} = N_B g_B J_B \mu_B$, $\gamma=1$ としたとき，α, β の符号，値によって図 5-9 に領域 M, P, Q, … として区別されるさまざまな特徴ある磁化温度曲線が得られる．このとき $\alpha<0$, または $\beta<0$, あるいは両者共負の領域の一部で 0 K からの M_s-T 曲線の出だしの勾配（絶対値）が大きい領域があるが，これは $M_{A0} = N_A g_A J_A \mu_B$ または $M_{B0} = N_B g_B J_B \mu_B$ とすると分子場が負になる領域であり，ミクロには 0 K でも副格子内のスピンのすべてが同一方向に揃わずエントロピーが有限な状態になり，実際には低温で別の磁気構造が現れるものと考えられる．

(2) 補償型フェリ磁性体

図 5-9 の中で面白いのは領域 V, N で見られるように T_c 以下で一度 $M_s=0$ となる場合である．これを補償温度（compensation point）とよび，モーメントの大きな副格子 (A) 内の分子場が小さい ($|\alpha| \ll |\beta|$) 場合，図 5-10 に示すように M_A が温度とともに急激に減少する場合に生じる．この型のフェリ磁性体を補償型フェリ磁性体とよび，具体的には A 副格子が希土類元素，B 副格子が Fe や Co 等鉄属遷移金属のとき観測されることがある．この特性は，12.2 節で述べるように，光磁気ディスクの記録特性をよくするために都合がよく，実際に使われている．

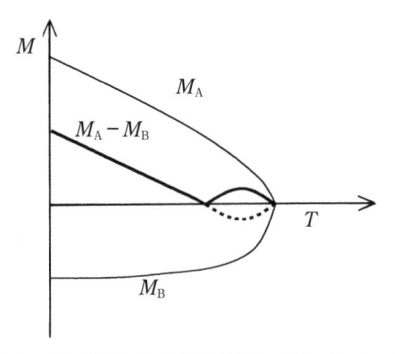

図 5-10　補償型フェリ磁性体の副格子磁化（細線）と自発磁化（太線）

（3）　T_C 以上の帯磁率

キュリー温度以上では，反強磁性の場合と同じく，外部磁場方向に副格子磁化が誘起されるので，(4-14)式にならって，A，B副格子のキュリー定数をそれぞれ C_A, C_B とすると

$$M_A = \frac{C_A}{T}(H + \alpha M_A - \gamma M_B) \tag{5-21 a}$$

$$M_B = \frac{C_B}{T}(H - \gamma M_A + \beta M_B) \tag{5-21 b}$$

この連立1次方程式を解き，M_A, M_B を求めると

$$M = M_A + M_B$$

より $\chi = M/H$ が求まる．これを逆帯磁率として整理すると

$$\frac{1}{\chi} = \frac{T}{C} + \frac{1}{\chi_0} - \frac{A}{T - \Theta} \tag{5-22}$$

と書ける．これは図 5-11 に示すように，$T < T_C$ で漸近線が温度軸を切る上に凸の曲線である．また，$T = T_C$ で $1/\chi$ が温度軸を切る，すなわち帯磁率が発散し，自発磁化が発生する．定数 C, χ_0, A, Θ は

$$C = C_A + C_B$$

$$\frac{1}{\chi_0} = \frac{2C_A C_B \gamma - C_A^2 \alpha - C_B^2 \beta}{C^2}$$

$$\Theta = \frac{C_A C_B}{C}(\alpha + \beta + 2\gamma)$$

$$A = \frac{C_A C_B}{C^3}\{-C_A(\alpha + \gamma) + C_B(\beta + \gamma)\}^2$$

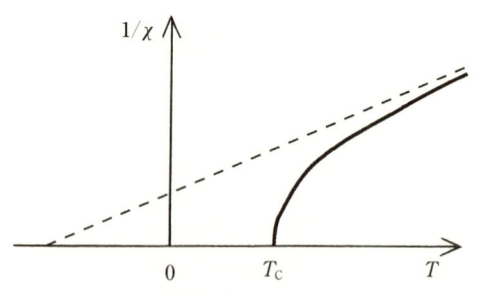

図 5-11　フェリ磁性体の T_C 以上の逆帯磁率

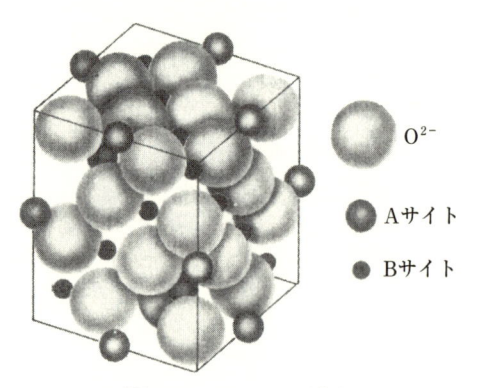

図 5-12　スピネル構造

で与えられる．また，$1/\chi=0$ の条件より

$$T_\mathrm{C} = \frac{\chi_0\Theta - C + \sqrt{\chi_0^2\Theta^2 + 2\chi_0 C\Theta + C^2 + 4\chi_0^2 AC}}{2\chi_0} \tag{5-23}$$

が得られる（演習問題 5-2）．

5.2.2　代表的なフェリ磁性体

（1）フェライト磁石

化学式：$MO \cdot Fe_2O_3$，$M =$ Mn, Fe, Co, Ni, Cu, Zn, etc.

結晶構造：立方晶スピネル構造

スピネル構造は図 5-12，表 5-2 に示すように，O^{2-} イオンが面心立方格子をつくり，2 種類の格子間隙，A サイト，B サイトを金属イオンが占める．A, B サイトへの金属イオンの入り方により表 5-3 のように 2 種類のスピネル構造ができる．

5.2 フェリ磁性

表5-2 スピネル構造の各サイトの性質(4面体位置, 8面体位置は図3-4参照)

サイト	サイト名	配置	サイト数/単位胞	副格子構造
A	$8a$ サイト	4面体位置	8	ダイアモンド
B	$16d$ サイト	8面体位置	16	頂点共有4面体
酸素サイト			32	fcc

表5-3 2種類のスピネル構造

	Aサイト	Bサイト
正スピネル	M^{2+}	$2Fe^{3+}$
逆スピネル	Fe^{3+}	$Fe^{3+}\ M^{2+}$

大部分のフェライトは逆スピネル構造をもち,A,Bサイトの磁気モーメントが反平行に結合する副格子を形成する.したがって,Fe^{3+} のモーメントはキャンセルし,自発磁化は M^{2+} のそれに等しい(表5-4参照).

表5-4 逆スピネル型フェライトの自発磁気モーメント (μ_B/分子)(各イオンの1原子当たりの磁気モーメントは図2-9, 表3-1参照)

物質	イオンの分布		副格子モーメント		自発磁気モーメント	
	Aサイト	Bサイト	Aサイト	Bサイト	計算値	実験値
$MnO \cdot Fe_2O_3$	Fe^{3+}	$Mn^{2+}Fe^{3+}$	5	5+5	5	4.6
$FeO \cdot Fe_2O_3$	Fe^{3+}	$Fe^{2+}Fe^{3+}$	5	4+5	4	4.1
$CoO \cdot Fe_2O_3$	Fe^{3+}	$Co^{2+}Fe^{3+}$	5	3+5	3	3.7
$NiO \cdot Fe_2O_3$	Fe^{3+}	$Ni^{2+}Fe^{3+}$	5	2+5	2	2.3
$CuO \cdot Fe_2O_3$	Fe^{3+}	$Cu^{2+}Fe^{3+}$	5	1+5	1	1.3
$MgO \cdot Fe_2O_3$	Fe^{3+}	$Mg^{2+}Fe^{3+}$	5	0+5	0	1.1

● **M-Zn フェライト** $M_{1-\delta}Zn_\delta \cdot Fe_2O_4$ (大きな自発磁化をもつフェライト)

$ZnFe_2O_4$ フェライトは正スピネル構造をもち,$\mu_{Zn}=0$,かつ Fe 副格子内の磁気結合は反強磁性的 ($\beta<0$) であるため,反強磁性体である.

一方,フェリ磁性逆スピネル MFe_2O_4 の M を Zn で置換しようとすると,Zn は Aサイトへ入る.このとき,Aサイトにあった Fe^{3+} が M^{2+} の抜けた Bサイトへ移動する.すなわち

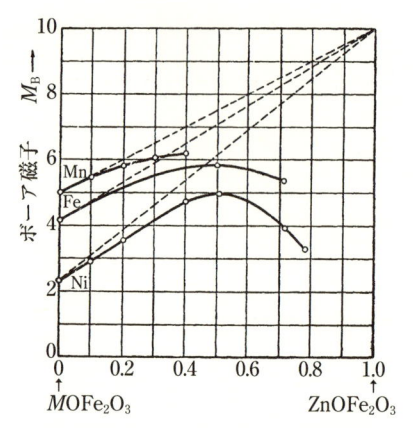

図 5-13 いくつかのフェライトを Zn フェライトで置換したときの 0 K での自発磁気モーメント[8]

$$\begin{array}{cccc} \text{Zn}_x & M_x & \text{A サイト} & \text{B サイト} \\ \downarrow & \uparrow & \Longrightarrow & \\ \text{Fe}^{3+}\cdot M^{2+}+\text{Fe}^{3+}\text{O}_4 & & \text{Zn}_x^{2+}\text{Fe}_{1-x}^{3+}\cdot M_{1-x}^{2+}\text{Fe}_{1+x}^{3+}\text{O}_4 \end{array}$$

なるイオン配置となり，1 化学式当たりの磁気モーメントは

$$\langle\mu\rangle = 5\mu_B\cdot(1+x)+\mu_M(1-x)-5\mu_B(1-x)$$
$$= \mu_M\cdot(1-x)+10\mu_B\cdot x$$

で与えられ，x とともに自発磁化は増加する．ただし，x がある程度以上大きくなると B 副格子が反強磁性となるので途中で最大値を示す．その様子を図 5-13 に示す．この図は，0 K での自発磁化を示すが，x の増加とともに T_c が低下するので室温での磁化はそれほど増加しない．

（2） ガーネット

$3R_2O_3\cdot 5Fe_2O_3$　R：希土類金属

結晶構造：立方晶ガーネット型

R は磁気モーメントは大きいが磁気的相互作用が弱く，補償型フェリ磁性体となる場合が多い（図 5-14）．

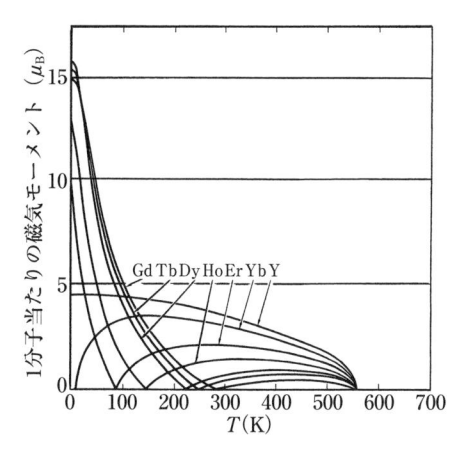

図 5-14 希土類鉄ガーネット（Rare-earth Iron Garnet : RIG）の 1 分子式当たりの自発磁化の温度依存性[9]

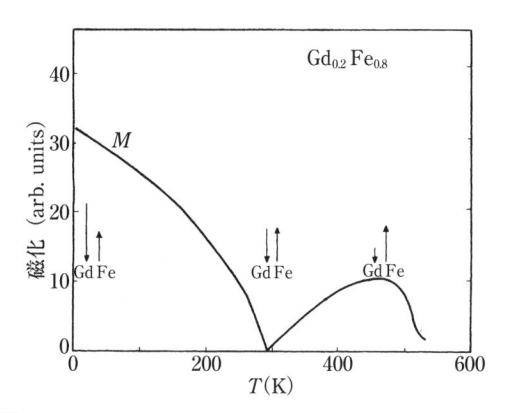

図 5-15 $Gd_{20}Fe_{80}$ アモルファス合金の磁化温度曲線

（3） *R*-Fe，*R*-Co アモルファス合金

一般に重希土類 Gd，Tb，Dy，Ho，Er などと Fe，Co などの $3d$ 遷移金属の合金では，R と Fe，Co 間の磁気結合は反強磁性的でアモルファス合金でもフェリ磁性を示すものが多い．また補償型フェリ磁性を示すものも多く，光磁気記録用薄膜材料として使われる．

図 5-15 に Gd-Fe アモルファス膜の磁化温度曲線を示す．実際には，適当な組成をもつ Tb-Dy-Fe-Co 多元合金アモルファス膜が光磁気記録材料として使われる．

演習問題 5

5-1 $\cos^2\theta$ および $\sin^2\theta$ の全方向の平均値がそれぞれ $1/3$ および $2/3$ となることを証明せよ．(5-14)式の証明．

5-2 フェリ磁性体のキュリー温度(5-23)式を導け．

6. 金属の磁性

6.0 金属電子論のおさらい

6.0.1 金属中の電子（波動関数とエネルギー）

　代表的な強磁性体である鉄やニッケルは金属である．金属の特徴は価電子が結晶中を走り回り特定の原子に属していないことである．このような電子を遍歴電子とよぶ．磁性を担う $3d$ 電子も遍歴電子であり，その磁性はエネルギーバンド理論に基づき論じる必要があり，初めに金属電子論の復習をしておく．

　結晶の周期的なポテンシャル中を動き回る電子の波動関数は，ブロッホ（Bloch）関数

$$\varphi_k(\boldsymbol{r}) = u_k(\boldsymbol{r}) e^{i\boldsymbol{k}\boldsymbol{r}} \tag{6-1}$$

で与えられる．ここで，$\boldsymbol{k}$ は波数ベクトル，$u_k(\boldsymbol{r})$ は結晶の周期性をもつ関数である．また，そのエネルギーを $\varepsilon(\boldsymbol{k})$ とする．遍歴電子のもつエネルギーはゆっくり動く電子（低エネルギー電子，$|\boldsymbol{k}|$ 小）から，高速で動き回る電子（高エネルギー電子；$|\boldsymbol{k}|$ 大）まで，ほとんど連続的に分布しているのが特徴である．

6.0.2 自由電子モデル

　金属中の電子の振る舞いを記述する最も簡単なモデルは自由電子モデルである．自由電子とはシュレーディンガー方程式のポテンシャル項を $V(\boldsymbol{r}) = 0$ と置き，適当な境界条件（箱の中の電子，または周期的境界条件）で解いたもので，周期的境界条件の場合，波動関数は

$$\phi_k(\boldsymbol{r}) = A e^{i\boldsymbol{k}\boldsymbol{r}} \tag{6-1'}$$

となる．ここで，A は規格化定数，$k_a = \dfrac{2\pi}{L} n_a$（$a: x, y, z$, n_a：整数），L：周期長（試料の大きさと考えてよい）である．

エネルギーは

$$\varepsilon(\boldsymbol{k}) = \frac{\hbar^2}{2m}\boldsymbol{k}^2 \tag{6-2}$$

で与えられる．ここで，m は電子の質量，$\hbar = h/2\pi$（h はプランク定数）である．L はマクロ量なので，波数およびエネルギーは連続的に分布すると考えてよい．エネルギーが $\varepsilon \sim \varepsilon + d\varepsilon$ の間にある取りうる電子状態の数を状態密度とよび，普通は(6-1)式で与えられるようなベクトル $\boldsymbol{k}$ で指定される1つのブロッホ波動関数に＋スピン，－スピンの2個の状態があるとして求められる．体積 $V(=L^3)$ 中にある自由電子の場合は(6-2)式から容易に計算でき

$$D(\varepsilon) = \frac{V}{2\pi^2}\left(\frac{2m}{\hbar^2}\right)^{3/2} \varepsilon^{1/2} \tag{6-3}$$

で与えられエネルギーの平方根に比例する．なお，以下に述べる磁性を議論するときは，＋スピンと－スピンを区別して考える必要があり，1つの波数 k に1つの状態が対応するとして数えるので，一般の状態密度の2分の1の値となるので注意が必要である．正確にはスピン当たりの状態密度とよぶべき値である．

状態密度曲線に従い N 個の電子を詰めていくと低エネルギー側から電子が詰まってゆき，最高エネルギー ε_F まで電子が占有した状態となり，それ以上は空状態となる．ε_F をフェルミエネルギー（またはフェルミレベル）とよぶ．自由電子の場合は

$$\varepsilon_F = \frac{\hbar^2}{2m}\left(\frac{3\pi^2 N}{V}\right)^{2/3} \tag{6-4}$$

となる．

以上は温度の効果を考えない0Kでの話であるが，温度を上げるとフェルミレベル付近（$\Delta\varepsilon < k_B T$）の電子が熱励起し分布がぼやける．分布関数はフェルミ-ディラック分布関数

$$f(\varepsilon) = \frac{1}{e^{(\varepsilon - \varepsilon_F)/k_B T} + 1} \tag{6-5}$$

で与えられる．当然 $\varepsilon = \varepsilon_F$ で $f = 1/2$ となる．有限温度でのフェルミレベル ε_F は全電子数一定の条件

$$N = \int_0^\infty D(\varepsilon) f(\varepsilon) d\varepsilon \tag{6-6}$$

で決まる．このようにして決まるフェルミレベルは電子系の化学ポテンシャルに相当し，一般に温度上昇とともに状態密度の小さい方向へわずかにシフトする．すなわ

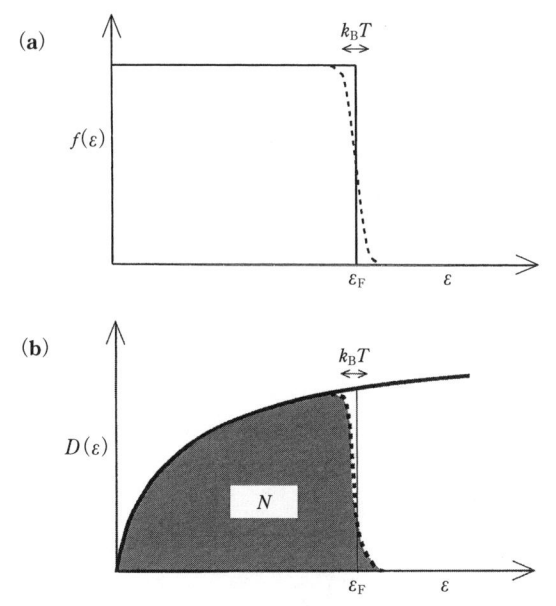

図6-1 フェルミ分布関数（a）と自由電子の場合の電子の詰まり方（b）（実線は0K，点線は$T>0$の場合）

ち，$dD/d\varepsilon>0$なら低エネルギー側へ，$dD/d\varepsilon<0$なら高エネルギー側へずれる．したがって，自由電子モデルの場合は低エネルギー側へずれる．これらの様子を図6-1に示す．

6.0.3 遷移金属の状態密度

NaやKなど比較的単純な金属（価電子$3s$, $4s$のみの1価金属）の場合は自由電子モデルで多くの性質（比熱，凝集エネルギーなど）が説明できるがFe（強磁性になることなど）やCu（銅色を示すことなど）などの遷移金属の性質は自由電子モデルでは説明できない．基本的には$\varepsilon(\boldsymbol{k})$をすべての$\boldsymbol{k}$についてシュレーディンガー方程式を解くことにより求めればいいわけであるが，実際には状態密度曲線$D(\varepsilon)$とフェルミエネルギーε_Fがわかれば磁性を含め多くの物性が説明できる．

図6-2に銅の状態密度とフェルミエネルギーを示す．銅の状態密度の特徴は中央部に$3d$軌道に起因する大きな$D(\varepsilon)$と両裾に低く広がった$4s$軌道に起因する成分からなる．11個の価電子を詰めていくと$3d$バンドは完全に満たされ，フェルミレベルは

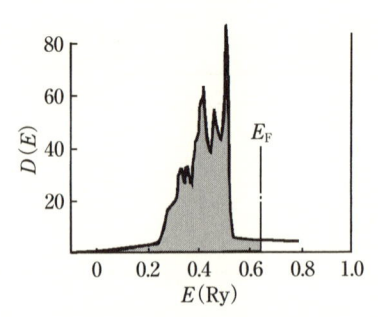

図 6-2 銅の状態密度とフェルミエネルギー（中央の高い部分は $3d$ 軌道成分．裾の低く広がった部分は主に $4s$ 軌道成分）[10]

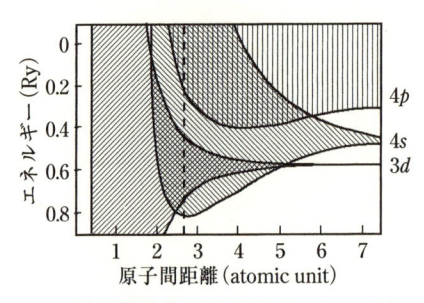

図 6-3 Cu 金属において原子間距離を近づけることによりエネルギーバンドが形成される様子を示す概念図[11]

$4s$ バンドに存在する．このことから銅が独特の色を示すことが説明できる．また，このような状態密度が Cu 原子のエネルギー準位とどのように係わっているかを図 6-3 に示す．各領域をエネルギーバンドとよぶ．

6.1 電子間相互作用を考えない場合の磁性（パウリ常磁性）

遍歴電子系の磁性を考える場合，＋スピン電子，－スピン電子の状態密度（以下，＋スピンバンド，－スピンバンドとよぶ）を別々に考えなければならない．以下，縦軸にエネルギー ε，左右の横軸はそれぞれ＋スピン（↑），－スピン（↓）の状態密度として示す．状態密度 $D(\varepsilon)$ の金属（ただし，このときの状態密度は片方の

6.1 電子間相互作用を考えない場合の磁性(パウリ常磁性)

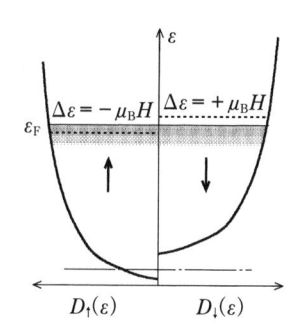

図6-4 磁場によるバンドの分極（パウリ常磁性の原因）

スピン当たりの値で，通常の $D(\varepsilon)$ の1/2である）に磁場 H をかけたとき＋，－スピンバンドはそれぞれ，$-\mu_B H$，$+\mu_B H$ シフトし，磁気分極が生じる（図6-4）．したがって，0 K では，＋スピンバンド，－スピンバンドの電子数をそれぞれ N_+, N_- とすると

$$M = \mu_B(N_+ - N_-) = 2\mu_B D(\varepsilon_F)\mu_B H = 2\mu_B^2 D(\varepsilon_F)H \tag{6-7}$$

の磁化が発生する（厳密には，電子が負電荷なのでスピン方向と磁気モーメントの方向は逆向きであるが，以下磁場方向に磁気モーメントが向いた方向を＋スピンとして話を進める）．したがって，0 K での帯磁率（$\chi_{P0} = M/H$）は

$$\chi_{P0} = 2\mu_B^2 D(\varepsilon_F) \tag{6-8}$$

で与えられる．これをパウリ常磁性（Pauli paramagnetism）とよぶ．

● **パウリ常磁性の温度依存性**

一般に ε_F（数 eV）$\gg k_B T$ なので，パウリ常磁性帯磁率は温度の影響はほとんど受けない．しかし，導出は省略するがフェルミ統計を適用することにより

$$\chi_P(T) = \chi_{P0}(1 + \beta T^2 + \cdots) \tag{6-9}$$

$$\beta = \frac{\pi^2}{6}k_B^2\left\{\frac{D''}{D} - \left(\frac{D'}{D}\right)^2\right\} \tag{6-10}$$

で与えられる温度依存性を示す．ここで，D', D'' はそれぞれ $\varepsilon = \varepsilon_F$ における $D(\varepsilon)$ の1次および2次微分を表す．(6-10)式{ }内第2項はフェルミレベルが温度を上げると常に状態密度が減少する方向にシフトすることによる．第1項は温度によるフェルミ面の「ぼやけ」により $k_B T$ 内での平均状態密度の変化に由来する．たとえば，フェルミ面が状態密度の谷に位置すると平均状態密度は増加し帯磁率の増加につながる．図6-5に純金属の帯磁率の温度依存性を示す．Pdを除いて温度に対して単調な

6. 金属の磁性

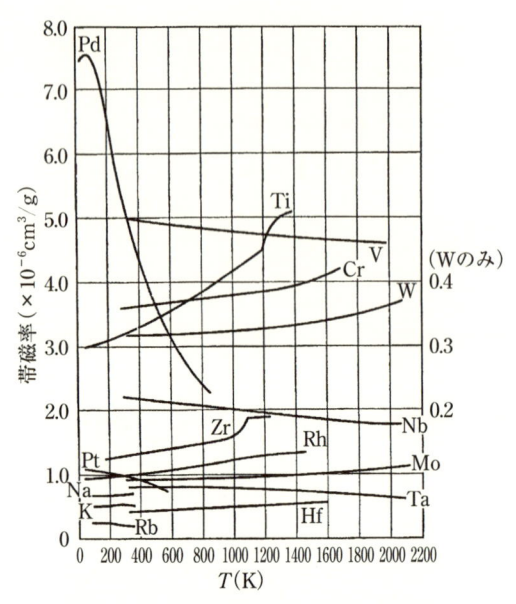

図 6-5 純金属の帯磁率の温度依存性[12]

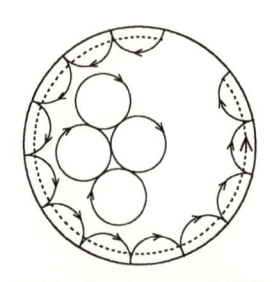

図 6-6 磁場をかけたとき金属中に誘起される渦電流（内部の時計回り方向の電流がつくる印加磁場と逆方向の磁場は外周を流れる反時計回りの電流で打ち消され反磁性は生じない（ファン・リューウェンの定理））

増加または減少関数である．Zr や Ti で折れ曲がるのは結晶変態のためである．

● **反磁性の影響**

第2章2.1.3節で述べたように，内殻電子は渦電流効果により弱い反磁性を示す．金属の場合も磁場をかけたとき生じる渦電流はその磁場を打ち消すように流れるので反磁性を生じるのではないかと考えられるが，内部の渦電流と外周を流れる渦電流が

相殺して反磁性は生じない（図6-6参照）．しかし，磁束の量子化効果によりわずかに相殺しない部分が生じ反磁性を示す．これをランダウ反磁性とよび，自由電子についてその値 χ_{dia} は $\chi_{dia} = -\frac{1}{3}\chi_{P0}$ となる．状態密度の小さい金属ではこれらの反磁性成分が無視できず，たとえば純銅の帯磁率は小さな負の値を示す．

6.2 電子間の相互作用（交換相互作用）

電子間の静電反発エネルギーはパウリの原理により，↑↓スピン電子間の方が↑↑スピン電子間よりも大きい（交換積分が正）．したがって，↑↑スピン対が多いほどクーロンエネルギーの損が少ない．↑↑スピン対を最も多くするにはすべての電子を＋スピンバンドに詰めればよい（強磁性状態，図6-7(b)）．ただしこの場合，より運動エネルギーの高い状態まで電子を持ち上げる必要があるので，(a)の常磁性状態より全エネルギーが低下するかどうかわからない．どちらが実現するかは状態密度と交換エネルギーの大きさにより決まる．

6.3 自由電子の交換エネルギー

一般の金属について交換エネルギーを計算するのは容易でないが，ここでは自由電子の場合の交換エネルギーを計算し運動エネルギーと比較し強磁性の発現条件を調べる．以下の計算では，体積 V 中の全電子数を $N=N_+ + N_-$，分極率を $\zeta = \dfrac{N_+ - N_-}{N}$

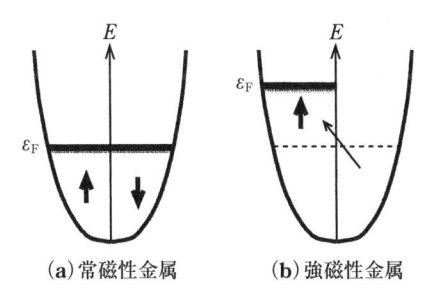

(a) 常磁性金属　　**(b) 強磁性金属**

図6-7　遍歴電子の(a)常磁性状態と(b)強磁性状態（状態密度曲線のエネルギー軸は運動エネルギーのみを表したもの．交換エネルギーによるポテンシャルエネルギーも含めると強磁性状態の↑スピンバンドは下方にシフトし↓スピンバンドは上方にシフトする）

と定義する．したがって，±スピンの電子数はそれぞれ，$N_+ = \frac{1}{2}N(1+\zeta)$，$N_- = \frac{1}{2}N(1-\zeta)$，磁化は $M = N\zeta\mu_B$ で与えられる．

6.3.1 交換エネルギー

波動関数 $Ae^{ik_1 r_1}$，$Ae^{ik_2 r_2}$ で表せる2つの電子間の交換積分は(2-22)式と同じく

$$J(\boldsymbol{k}_1, \boldsymbol{k}_2) = \frac{1}{V^2}\iint e^{-ik_1 r_1} e^{-ik_2 r_2} \frac{e^2}{4\pi\varepsilon_0 |\boldsymbol{r}_1 - \boldsymbol{r}_2|} e^{ik_2 r_1} e^{ik_1 r_2} d\boldsymbol{r}_1 d\boldsymbol{r}_2$$
$$= \frac{1}{2\varepsilon_0 V} e^2 \frac{1}{|\boldsymbol{k}_1 - \boldsymbol{k}_2|^2} > 0 \tag{6-11}$$

で与えられる．全電子対間の交換エネルギー E_{ex} を計算すると

$$E_{\text{ex}} = -\frac{1}{\varepsilon_0 V} e^2 \left\{ \sum_{k=0}^{k_F^+} \sum_{k'=0}^{k_F^+} \frac{1}{|\boldsymbol{k} - \boldsymbol{k}'|^2} + \sum_{k=0}^{k_F^-} \sum_{k'=0}^{k_F^-} \frac{1}{|\boldsymbol{k} - \boldsymbol{k}'|^2} \right\}$$
$$= -\frac{3e^2}{16\varepsilon_0 \pi^2}\left(\frac{6\pi^2}{V}\right)^{1/3}(N_+^{4/3} + N_-^{4/3}) \tag{6-12}$$
$$= -\frac{3e^2}{32\varepsilon_0 \pi^2}(3\pi^2)^{1/3} N\left(\frac{N}{V}\right)^{1/3}\{(1+\zeta)^{4/3} + (1-\zeta)^{4/3}\}$$

が得られる．ここで，k_F^+，k_F^- はそれぞれ，+バンド，−バンドのフェルミ波数である．結果は重要であるが式の導出はかなり面倒で，文献[13]などを参考にしてほしい．

6.3.2 運動エネルギー

フェルミ分布則に従う自由電子の1電子当たりの平均エネルギーは，0Kにおいては

$$\bar{\varepsilon} = \frac{1}{N}\int_0^{\varepsilon_F} \varepsilon D(\varepsilon) d\varepsilon = \frac{1}{N}\frac{V}{2\pi^2}\left(\frac{2m}{\hbar^2}\right)^{3/2}\int_0^{\varepsilon_F} \varepsilon^{3/2} d\varepsilon = \frac{3}{5}\varepsilon_F \tag{6-13}$$

で与えられるので，全運動エネルギーは

$$E_K = \int_0^{\varepsilon_F^+} \varepsilon D(\varepsilon) d\varepsilon + \int_0^{\varepsilon_F^-} \varepsilon D(\varepsilon) d\varepsilon = \frac{3}{5}\{N_+ \varepsilon_F^+ + N_- \varepsilon_F^-\}$$
$$= \frac{\hbar^2}{2m}\frac{3}{5}\left(\frac{6\pi^2}{V}\right)^{2/3}(N_+^{5/3} + N_-^{5/3}) \tag{6-14}$$
$$= \frac{3\hbar^2}{20m}(3\pi^2)^{2/3} N\left(\frac{N}{V}\right)^{2/3}\{(1+\zeta)^{5/3} + (1-\zeta)^{5/3}\}$$

となる．ここで，$\varepsilon_F^\pm$ はそれぞれ，+バンド，−バンドの最大の運動エネルギーであり，$\varepsilon_F^\pm = \frac{\hbar^2}{2m}(k_F^\pm)^2$ で与えられる．図6-8(a)に $\zeta=0$ を基準とした $E_{\text{ex}}(\zeta)$，$E_K(\zeta)$ を示

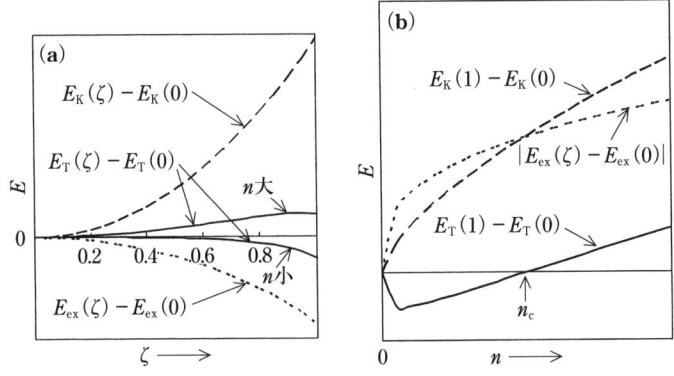

図6-8 (a) 自由電子系での交換エネルギー E_{ex}, 運動エネルギー E_K, 全エネルギー E_T の分極率 ζ 依存性. (b) 完全にスピン分極したときの各々のエネルギーの電子密度 n 依存性

す. 全エネルギー $E_T(\zeta) = E_{ex}(\zeta) + E_K(\zeta)$ は両者の寄与の大きさにより符号が決まる. 当然交換エネルギーの寄与が大きければ $\zeta=1$ のエネルギーが最小になり強磁性が実現する. (6-12), (6-14)式を比較すると, 両者の大きさを決めるのは物理定数を除けば, 電子密度 $n=N/V$ のみであることがわかる. 図6-8(b)に $\zeta=1$ のときの各エネルギーを n の関数として示してあるが, べき数の違いから電子密度が小さいと交換エネルギーが支配的になり強磁性が実現し, 電子密度が大きくなると運動エネルギーの損が支配的になり強磁性にはならないことがわかる. Naのようなbcc 1価金属が自由電子モデルとして振る舞うとして計算すると, 強磁性が実現するためには格子定数が5.6Å以上である必要があり, 現実の格子定数4.22Åではとても強磁性は実現しない. なお第2章, 図2-7において, 交換相互作用の原因を説明するために↑↑電子対は波動関数の性質(反対称性)により互いに避け合って運動する概念図を示したが, 実際には↑↓スピン電子同士でも静電反発力により避け合って運動する, いわゆる相関効果を無視しており, この効果を取り入れれば↑↑対と↑↓スピン対間の静電反発エネルギーの差が $2J_{ex}$ より小さくなり, 強磁性発現の条件はさらに厳しくなる.

6.4 分子場モデルによる遍歴電子の強磁性 (ストーナーの理論)

実際の金属について，交換エネルギーを求めるのは難しい．そこで，各電子のスピンが局在モーメントモデルの場合と同じく，$H_m = \alpha M = \alpha \mu_B (N_+ - N_-)$ なる分子場を感じると仮定して，強磁性発生の条件，帯磁率，自発磁化の温度依存性などを求める．いうまでもなく，α は分子場係数で交換相互作用により生じる．なおこの方法は，最初にストーナー (E. C. Stoner 1938, 1939) が自由電子の状態密度を用いて議論を展開したのでストーナーモデルとよばれる．ここでは，一般の状態密度 $D(\varepsilon)$ について理論の概要を紹介する．

6.4.1 常磁性帯磁率とストーナー条件

すでにおなじみの方法により，外部磁場と分子場により誘起される磁気モーメントは $M = \chi_P (H + \alpha M)$，したがって $M(1 - \chi_P \alpha) = \chi_P H$ より

$$\chi = \frac{M}{H} = \frac{\chi_P}{1 - \alpha \chi_P} = \frac{\chi_P}{1 - 2\alpha \mu_B^2 D(\varepsilon_F)} \tag{6-15}$$

となり，$\alpha > 0$ であれば，分子場により帯磁率がパウリ帯磁率 χ_P より大きくなる．特に大きくなる場合，交換増強パウリ常磁性 (exchange enhanced Pauli paramagnetism) とよぶことがある．

(6-15)式より，$2\alpha \mu_B^2 D(\varepsilon_F) = 1$ のとき χ は発散し，$2\alpha \mu_B^2 D(\varepsilon_F) > 1$ ならば強磁性になる．これをストーナー条件とよぶ．すなわち，分子場係数 α，状態密度 $D(\varepsilon_F)$ が大きいほど強磁性になりやすい．また，ストーナー条件を満たす寸前にある場合，すなわち，$1 - \alpha \chi_P \approx 0$ のとき帯磁率は大きく増強され，かつ，温度依存性も増強される．図6-5に示した，Pd の異常に大きくかつ強い温度依存性を示す帯磁率はこの場合に相当すると考えられている．ただし，低温に現れるピークは簡単には説明できない．

6.4.2 強磁性状態

ストーナー条件を満たし，強磁性になった状態を考える．↑スピン，↓スピン電子数をそれぞれ，N_+, N_-, フェルミレベルを ε_F とし，各々のスピンバンドにフェルミ統計を適用すると

6.4 分子場モデルによる遍歴電子の強磁性（ストーナーの理論）

$$N_{\pm} = \int_{-\infty}^{\infty} D(\varepsilon) \frac{1}{e^{\{(\varepsilon \mp \alpha M \mu_B - \varepsilon_F)/k_B T\}} + 1} d\varepsilon \tag{6-16}$$

$$M = \mu_B(N_+ - N_-) \tag{6-17a}$$

$$N = N_+ + N_- \tag{6-17b}$$

という関係式が成り立つ．

(1) 0 K での磁化：「弱い」強磁性と「強い」強磁性

0 K では (6-17 a, b) 式は

$$M = \mu_B \left\{ \int_{-\infty}^{\varepsilon_0^+} D(\varepsilon) d\varepsilon - \int_{-\infty}^{\varepsilon_0^-} D(\varepsilon) d\varepsilon \right\} \tag{6-18a}$$

$$N = \int_{-\infty}^{\varepsilon_0^+} D(\varepsilon) d\varepsilon + \int_{-\infty}^{\varepsilon_0^-} D(\varepsilon) d\varepsilon \tag{6-18b}$$

と書ける．ここで，ε_0^+，ε_0^- は＋スピンバンド，－スピンバンドの最大運動エネルギーであり，$\varepsilon_0^+ = \varepsilon_F + \alpha M \mu_B$，$\varepsilon_0^- = \varepsilon_F - \alpha M \mu_B$ で与えられる．$D(\varepsilon)$，α が与えられたとき，N は全電子数なので，(6-18) は M，ε_F を未知変数とする連立方程式と見なせる．これを数値的に解くことにより，分子場係数 α の大小より，図 6-9 に示すように，「強い (strong)」強磁性，「弱い (weak)」強磁性，「増強された (exchange-enhanced)」パウリ常磁性の 3 つの解が得られる．

(2) 強磁性発生に伴うエネルギー変化

0 K での磁化は (6-18) 式を解けばいいわけであるが，状態密度との関係などわかり

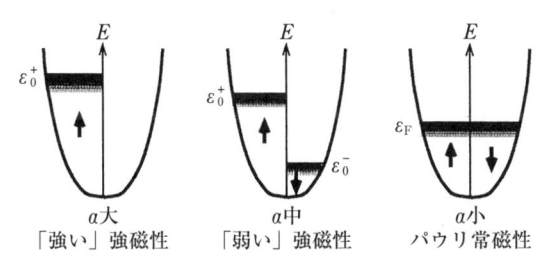

図 6-9 ストーナーモデルの3つの解（状態密度曲線のエネルギー軸は運動エネルギーのみを表したもの．交換エネルギーによるポテンシャルエネルギー（$\mp \alpha M \mu_B$）も含めると，強磁性状態の↑スピンバンドは下方にシフトし↓スピンバンドは上方にシフトし，「強い」強磁性では↓スピンバンドの底はフェルミレベル ε_F より上にくる．「弱い」強磁性では両バンドとも共通のフェルミレベルをもつ．図 6-13 参照）

にくい．そこで，図6-8に倣って自発磁化 M の発生に伴うエネルギー変化を調べる．運動エネルギー E_K，分子場近似での交換エネルギー E_{ex}，全エネルギー E_T はそれぞれ次式で与えられる．

$$E_K = \int_{-\infty}^{\varepsilon_0^+(M)} \varepsilon D(\varepsilon) d\varepsilon + \int_{-\infty}^{\varepsilon_0^-(M)} \varepsilon D(\varepsilon) d\varepsilon \tag{6-19}$$

$$E_{ex} = -\frac{1}{2}\alpha M^2 \tag{6-20}$$

$$E_T(M) = E_K(M) + E_{ex}(M) \tag{6-21}$$

E_K は M の増加関数，E_{ex} は M の減少関数．すなわち，スピン分極が生じると交換エネルギーは得，運動エネルギーは損をする．$E_T(M)$ が $M \neq 0$ で最小値をもてば自発磁化 M の強磁性が発生する．ここで，E_{ex} は分子場係数 α のみによりその関数形は決まるが，E_K は状態密度曲線の形に依存する．状態密度が大きいと，同じ M が発生した場合 E_K の増加が少なくてすみ強磁性になりやすい．図6-10のように状態密度に深い谷が存在するとき，スピン分極によりフェルミレベルがその近傍を通過すると，E_K の増加が急激になり，$E_T(M)$ 曲線に極小値を生じやすい（図6-11参照）．後に示すようにbcc鉄の強磁性はこのような「弱い」強磁性状態にあると考えられる．

(3) 自発磁化の温度変化

一般の T について連立方程式(6-17a)，(6-17b)を解くと，自発磁化の温度依存性が計算できる．その結果を図6-12に示す．縦軸は分極率 $\zeta = \dfrac{N_+ - N_-}{N}$ を示す．

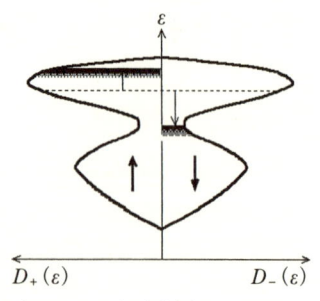

図 6-10 中間に深い谷のあるバンド（分極によりフェルミレベルがこの谷にかかると，運動エネルギーの増加が急増する．図6-11参照）

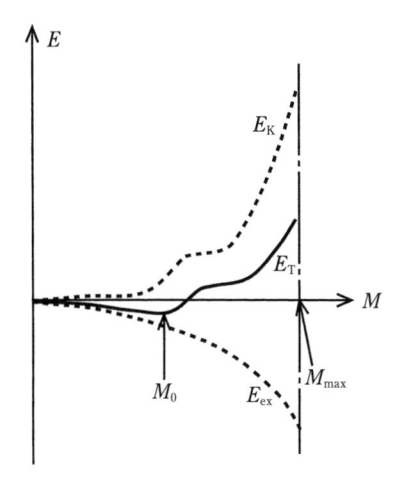

6.4 分子場モデルによる遍歴電子の強磁性(ストーナーの理論)

図 6-11 図 6-10 のような状態密度曲線をもつバンドがスピン分極したときの，運動エネルギー E_K，交換エネルギー E_{ex}，全エネルギー $E_T(M)$ の変化

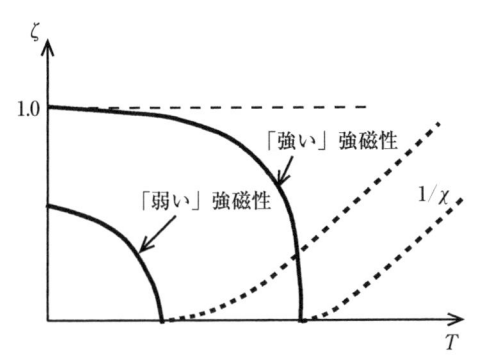

図 6-12 ストーナーモデルでの磁化（分極率 $\zeta=(N_+-N_-)/N$）および逆帯磁率の温度依存性

全体としては，局在モーメントの分子場モデル（図 4-5）の場合とよく似た磁化温度曲線を示す．低温では，「強い」強磁性($\zeta=1$)の場合 $\Delta M = M(0) - M(T) \propto e^{-\Delta E/k_B T}$ とアレニウス型励起を示す．これは，図 6-13 に示すようにスピンを反転するために有限のエネルギー障壁が存在するからである．一方，「弱い」強磁性($\zeta<1$)の場合エネルギー障壁は存在せず，低温では，パウリ常磁性の温度変化(6-9)式と同

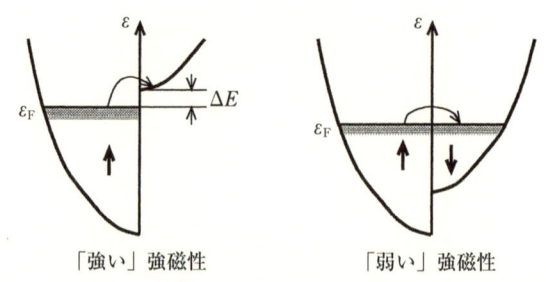

図 6-13 「強い」遍歴電子強磁性と「弱い」遍歴電子強磁性の磁気励起（この場合のエネルギー軸は，運動エネルギー＋ポテンシャルエネルギーを採用している）

様，フェルミ統計に特有な温度依存性 $\Delta M \propto T^2$ を示す．実測値は金属強磁性体においても，ほとんどの場合 $\Delta M \propto T^{3/2}$ であり，やはりスピン波励起が支配的である（4.2.5節（1）参照）．遍歴電子強磁性体のスピン波は，後述するスピン密度波と考えればよい．また，常磁性領域の帯磁率がキュリー–ワイス則を与えないなど，Fe や Ni の実測値と合わない．これらの問題点の解決には後述のスピンの揺らぎ理論を待たねばならない．

6.5　3d 遷移金属の強磁性

6.5.1　バンド計算（APW 法）

　最も重要な強磁性体である，鉄，コバルト，ニッケルなどの 3d 遷移金属強磁性体について，遍歴電子モデルにより自発磁化の値やキュリー温度を推定するにはいわゆるバンド計算により，状態密度（Density of States：DOS）や分子場係数（交換相互作用の大きさ）を求めなければならない．そのためいろいろな方法が考案されており，現在ではパソコンでも計算できるソフトが開発されている．ここでは，代表的なバンド計算の方法であり磁性を議論するのにも適している APW（Augmented Plane Wave）法の要点を紹介する．なお，詳しいことは参考書[7],[8]を参照のこと．

　バンド計算とは結晶原子イオンのつくる周期ポテンシャル $V(\boldsymbol{r})$ 中にある電子のシュレーディンガー方程式

$$\mathcal{H}\Psi(\boldsymbol{r}) = -\frac{\hbar^2}{2m}\left(\frac{\partial^2}{\partial x^2}+\frac{\partial^2}{\partial y^2}+\frac{\partial^2}{\partial z^2}\right)\Psi(\boldsymbol{r}) + V(\boldsymbol{r})\Psi(\boldsymbol{r}) = E\Psi(\boldsymbol{r}) \tag{6-22}$$

を変分法により解くことである．強磁性を取り扱うときは＋スピンバンド，−スピンバンドを別々に解くことも可能である．以下にこの方法の手順を説明する．

① ポテンシャルの設定

原子核を中心として，互いに隣接原子と重なり合わない半径 r_c の球（APW 球）をとり，球内では球対称ポテンシャル $V_a(r)$ を使う．球外では $V(r)=V(r_c)$：一定とする．このようなポテンシャルをマフィンティン（Muffin-tin たこ焼き鉄板型？）ポテンシャルとよぶ．$V(r)(r<r_c)$ の具体的な形としては，原子核＋閉殻電子によるポテンシャルとして孤立原子で求められている値を使えばよい．価電子によるクーロンポテンシャルは得られた波動関数から求まる電子密度に対するクーロンエネルギーの平均値，すなわち Hartree 自己無撞着場

$$V(\boldsymbol{r}) = \sum_i^N \int \phi_i^*(\boldsymbol{r}')\phi_i(\boldsymbol{r}') \frac{e^2}{|\boldsymbol{r}-\boldsymbol{r}'|} d\boldsymbol{r}' \tag{6-23}$$

を使う．ここで，ϕ_i は自身を含めた価電子の波動関数である．

交換ポテンシャルは局所スピン密度関数近似（local spin density approximation）

$$V_{\text{ex}\uparrow}(\boldsymbol{r}) = f\{\rho_\uparrow(\boldsymbol{r})\} \approx -3e^2 \left(\frac{3}{4\pi}\right)^{1/3} \rho_\uparrow(\boldsymbol{r})^{1/3} \tag{6-24}$$

を採用する．ここで，交換ポテンシャルが同方向スピンの電子密度 $\rho_\uparrow(r)$ の 1/3 乗に比例するのは，(6-12)式に示した自由電子の 1 電子当たりの交換エネルギーが電子密度の 1/3 乗に比例することに由来する．自由電子の場合，電子密度は全空間で一定であるが密度が空間的に変化する場合にも適応できるとする近似法である．実際にはこの式を改良したポテンシャルを使う．

② 変分関数

$r<r_c$ では孤立原子の波動関数と同型の関数

$$\Phi_{lm}(\boldsymbol{r}) = \sum_{l,m} A_{lm} R_l(r) Y_l^m(\theta,\varphi) \tag{6-25}$$

を採用する．ここで $R_l(r)$ は動径分布関数，$Y_l^m(\theta,\varphi)$ は(2-8)式と同様，球面調和関数である．

$r>r_c$ では平面波

$$\Phi_{\text{out}}(\boldsymbol{r}) = \sum_{n=0}^N B_n \exp\{i(\boldsymbol{k}+\boldsymbol{K}_n)\boldsymbol{r}\}$$

を極座標に変換した関数を使い，$\Phi_{lm}(r_c) = \Phi_{\text{out}}(r_c)$ を満たす境界条件の下で以下の変分計算を実行する．ここで $\boldsymbol{K}_n$ は対象とする結晶の逆格子ベクトルであり，普通，逆

格子空間原点 ($n=0$) から（単位格子内の原子数）×50 程度の逆格子点 K_n をとっておけばよい．

③ 変分計算

特定の波数 k について全エネルギー $\int \Phi^*(r)\mathcal{H}\Phi(r)dr$ が極値をとるよう，B_n を決める．実際には B_n を変数とする N 行 N 列の連立方程式を解くことになる．このとき解の存在条件から固有エネルギー E_k が求まる．

④ 得られた波動関数から $V(r)$ を再計算し，同様の計算を解が収束するまで繰り返す（iteration）．

⑤ 第1ブリルアンゾーン内の多くの k について E_k を求め分散曲線 E_k vs k を求める．

⑥ 分散曲線より状態密度 $D(E)$ を求める．

図 6-2 はこのようにして求めた fcc Cu の状態密度曲線である．以下に，得られた状態密度曲線をもとに最も重要な磁性材料である鉄属遷移金属およびその合金の自発磁化の大きさについて説明する．

6.5.2 スレーター-ポーリング曲線

図 6-14 は強磁性鉄族遷移金属合金の1原子当たりの自発磁気モーメント（単位 μ_B）を平均外殻電子数の関数として表したものである．一部の枝分かれする部分を除

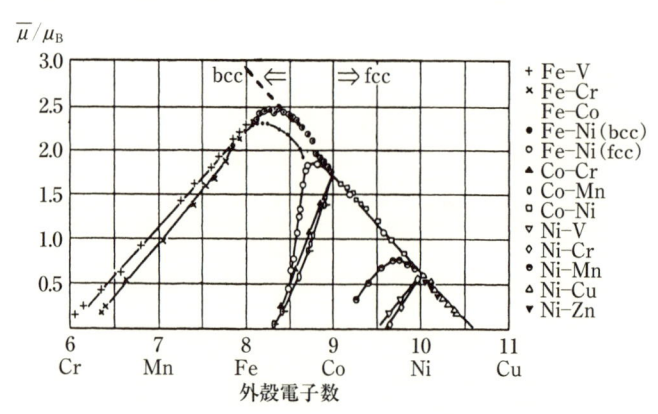

図 6-14 スレーター-ポーリング（Slater-Pauling）曲線（横軸は1原子当たり平均価電子数，縦軸は1原子当たり平均自発磁気モーメント（単位 μ_B））

6.5 3d 遷移金属の強磁性

けば，構成原子の種類や結晶構造にかかわらず，鉄の右を頂点とするピラミッド型の共通の曲線にのる．このとき，縦軸，横軸の単位量当たりの長さを同じにすれば，その勾配は±1となる．これを，スレーター–ポーリング曲線とよぶ．この傾向は，バンドモデルにより以下のように説明される．

(1) Ni の強磁性と自発磁化

図 6-15 に計算により得られた Ni の DOS を示す．状態密度の形は↑スピンバンド，↓スピンバンドはほとんど同じで，エネルギー軸がシフトしているだけである．なお，この DOS は図 6-2 に示した Cu のそれによく似ていることがわかる．DOS のおおよその形は結晶構造に支配され，このような形（3d バンドの上端に鋭いピークがある）は fcc 遷移金属の特徴である．Ni の場合，フェルミレベルは↓スピンバンドの上端のピークの中にある．

図 6-16 はエネルギー軸 ε を縦軸としてこの DOS を模式的に示したものである．Ni の DOS はエネルギー幅が広く密度が低い 4s バンドとその逆の 3d バンドが重なっている．4s バンドには片方のスピンバンドに 1 原子当たり 1 個，計 2 個，3d バンドには 5 個ずつ計 10 個の電子を収容できる．また，4s バンドの底は 3d バンドのそれより低エネルギー側にある．Ni の価電子数は 10 個なので，3d バンドの上端まで

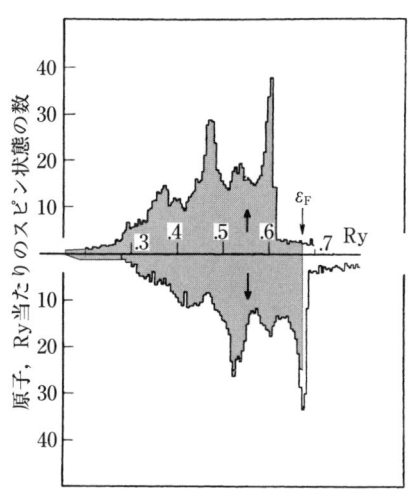

図 6-15 強磁性 Ni の＋スピン，－スピン別の状態密度曲線（灰色部分に電子が詰まっている）[14]

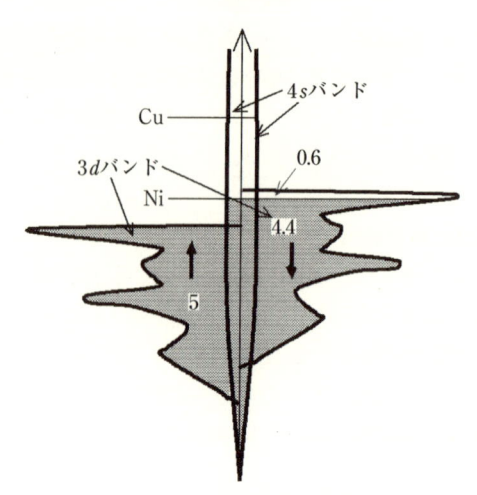

図 6-16 Ni の状態密度の模式図

は埋まらない．実際には，$4s$ バンドに 0.6 個入り，$3d\uparrow$ バンドは上端まで 5 個の電子が詰まるが，$3d\downarrow$ バンドには 0.6 個の空部分（ホール）が生じる．すなわち，「強い」強磁性となっている．$4s$ 電子の磁気モーメントへの寄与を無視すると，↑向き，↓向き d バンドの電子数の差 0.6 個，したがって，$0.6\,\mu_\mathrm{B}$ の自発磁気モーメントが発生する．このような $1\,\mu_\mathrm{B}$ 以下の非整数の自発磁化の値は局在モーメントモデルでは説明できない．

（2）　Ni-Cu, Ni-Zn 合金

図 6-16 から Ni に Cu を混ぜたときの磁気モーメントの変化を考える．Ni-Cu 合金は，fcc 構造の全率固溶合金であり，スレーター-ポーリング曲線を見ると，60% Cu 付近で，自発磁化が 0 となる．Cu は Ni より 1 個多い 11 個の価電子をもつが，Ni に Cu を混ぜると，余分の 1 個の電子が 0.6 個の $3d$ ホールを埋めてゆき，60% Cu でちょうど $3d$ バンドが埋まり，強磁性を失う．また，Zn の場合は価電子 12 個なので，30%Zn で自発磁化を失う．逆に，Fe を混ぜると勾配 −1 で増加する（fcc 領域のみ）．

（3）　純鉄の強磁性と自発磁化

図 6-17 に強磁性 bcc-Fe の DOS を示す．Fe の価電子数は 8 個，$4s$ バンドに 0.8

6.5 3d 遷移金属の強磁性

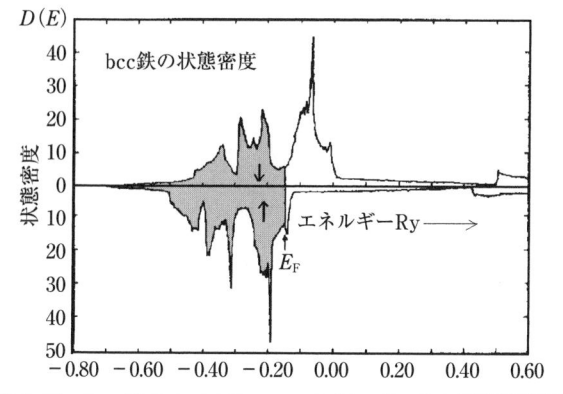

図 6-17 bcc 鉄の＋スピン，－スピンバンドの状態密度[15]

個入るとすると，3d バンドには 7.2 個の電子が入る．すなわち，2.8 個のホールが生じる．Ni のように「強い」強磁性となり，↑バンドに 5 個入るとすると，2.8 μ_B の磁化が生じるはずであるが，実際には 2.2 μ_B である．これは，図 6-10，図 6-11 で示したメカニズムにより，↓バンドのフェルミレベルが DOS の谷にトラップされ，↑バンドにもホールが生じ，差の 2.2 μ_B の磁化が説明される．すなわち，Fe は「弱い」強磁性である．このことは，図 6-17 に示すようにバンド計算によって確かめられる．

（4） bcc-Fe-Co，Fe-Ni 合金の自発磁化

Fe に Co を混ぜるとどうなるか？　この場合 Co は価電子が 1 つ多いのでホールを埋めるわけであるが，↑，↓スピンバンドの双方にホールがあるのでどちらにも入り得る．このとき，↓バンドのフェルミレベルが谷の所にトラップされるならもっぱら↑スピンバンドに電子が入り，＋1 の勾配で磁気モーメントは増加する．↑スピン d バンドの上端まで詰まると，それ以上は↓スピンバンドに入るので自発磁化は減少に転じる．図 6-18 にこの様子を模式的に示す．このようにして，Fe-Co 合金は 40% Co 付近で最大の自発磁気モーメント 2.5 μ_B/atom をもつ．実は，この合金は室温で最大の磁化を示す物質でパーメンジュールとよばれる実用合金として電磁石の磁場発生部の材料などに使われている．

Ni を混ぜた場合も同様のことが期待できる．実際，Fe-Co 系ほど明瞭ではないが，いったん増加後減少するという傾向は見られる．また逆に，電子数の少ない

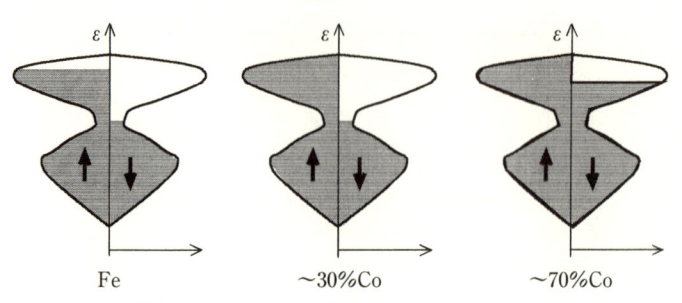

図 6-18 Fe-Co 合金の電子の詰まりかた

Cr, V を混ぜた場合に減少することも説明できる．

　以上のように，DOS の形が変わらないとして，電子数の変化だけで合金の性質を説明する方法をリジッドバンドモデル（rigid band model）とよび，かなりのことが説明できる．しかし，スレーター-ポーリング曲線の枝分かれする部分は説明できない．また，基本的な欠陥として，各原子の個性（この場合，各原子の磁気モーメントの値など）についての情報を与えない．

6.5.3　強磁性合金中での各原子の磁気モーメント

　後述する中性子散乱の実験により強磁性合金中での各成分原子の磁気モーメントを求めることができる．その結果を図 6-19 に示すが各原子の磁気モーメントは純金属のときの値（Fe：$2.2\,\mu_B$，Co：$1.7\,\mu_B$，Ni：$0.6\,\mu_B$）から少しずれる．特に Fe-Co

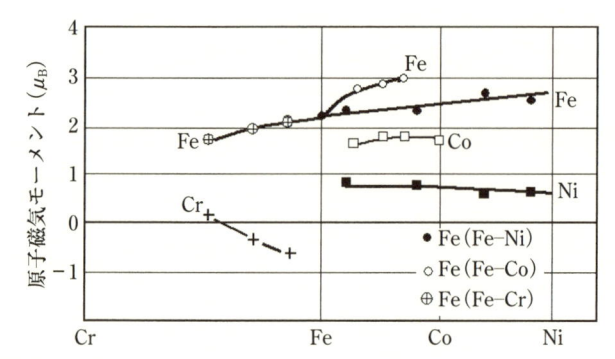

図 6-19　強磁性遷移金属合金内での各原子の磁気モーメント[16]

合金中での鉄のモーメントは大きく変化し鉄が「強い」強磁性になった場合に予想される 3 μ_B に近い値をとる．このような結果は当然リジッドバンドモデルでは説明できないが，最近では CPA（Coherent Potential Approximation）法など不規則合金について，各原子サイトの性質も説明できる理論的方法が開発されている[17]．

6.6 遍歴電子モデルと局在モーメントモデル

6.6.1 ストーナー理論の問題点

表 6-1 に示すように Fe や Ni の 0 K での自発磁化の値はバンド計算で正しく求まる．その値は μ_B 単位で非整数となり，原子磁気モーメント $2S\mu_B$ が整列したものとしては，すなわち，局在モーメントモデルでは説明できない．一方，正しい自発磁化を与えるバンド計算の結果にストーナー理論でキュリー温度を求めると，一般に実測値よりずっと高い温度になる．また，これ以外にも常磁性領域でのキュリー-ワイス則が導けないなど，有限温度の性質を説明するのが難しい．むしろ局在モーメントモデルの方が理解しやすい現象もある．一例を挙げると，図 6-20 に Fe の電気抵抗の温度依存性を示すが，このような振る舞いは，伝導電子が $3d$ 電子のつくる磁気モーメントにより散乱されると考えた方が理解しやすい．すなわち，伝導電子もスピン磁気モーメントをもつので原子磁気モーメントと相互作用するが，0 K では，磁気モーメントは整列しており周期ポテンシャルと考えていいので抵抗の原因にはならない．温度上昇とともに，磁気モーメントの方向が揺らぐので，散乱確率が増加し，T_C 以上では，完全ランダムとなり散乱確率は一定値となるとして説明できる．

ところで，1960 年代から 70 年代にかけて，遷移金属の磁性を遍歴電子モデルで理解すべきか，局在モーメントモデルがいいかという大論争があったが，結局，遍歴電子モデルから出発し局在モーメント的な振る舞いを取り入れた「スピンの揺らぎ」理論により統一された．以下に空間的に見た遍歴電子モデルと局在モーメントモデルの

表 6-1　Fe，Ni の自発磁化とキュリー温度の計算値および実測値[18]

	自発磁気モーメント（μ_B）		キュリー温度（K）	
	計算値	実測値	計算値	実測値
Fe (bcc)	2.19	2.22	4400	1040
Ni (fcc)	0.68	0.604	2900	631

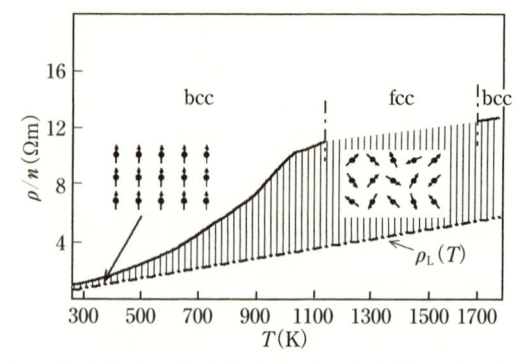

図 6-20 bcc 鉄の電気抵抗の温度依存性（一点鎖線は格子振動による抵抗 $\rho_L(T)$．縦線部分は磁気散乱による抵抗 $\rho_m(T)$))[19]

関係を述べ，スピンの揺らぎの概念を説明する．

6.6.2 局在モーメントモデルとバンド（遍歴電子）モデルの関係

ストーナーモデルで強磁性を論じるとき磁気モーメントの空間的な分布は考えてこなかった．自由電子モデルにストーナー理論を適用した場合，強磁性状態では＋スピン電子の数が－スピンのそれを上回り，空間的に一様なスピン密度差が発生する．一方，キュリー温度以上では，スピン密度差は消失する．すなわち磁気モーメントは完全に消失してしまうことになる．しかし，現実の遷移金属強磁性体ではかなり事情が異なる．この節では，空間的なスピン密度の分布に注目し遍歴電子モデルと局在モーメントモデルの関係を論じる．

（1）0 K でのスピン密度の空間分布

空間的なスピン密度 $\rho_s(r)$ は，

$$\rho_s(r) = \rho_\uparrow(r) - \rho_\downarrow(r) = \sum_i (|\phi_{i\uparrow}(r)|^2 - |\phi_{i\downarrow}(r)|^2) \qquad (6\text{-}26)$$

で定義する．ここで和は全価電子についてとる．図 6-21 に 0 K における純鉄などの遍歴電子系とイオン結晶のような局在モーメント系でのスピン密度の空間分布を模式的に示す．いずれの場合もその形状は $3d$ 波動関数の 2 乗とほぼ同じである．局在モーメントの場合は隣接原子間の重なりがほとんどないのに対し，遍歴電子（金属）の場合は重なりがあり，1つの電子に注目すれば，原子間を遍歴している．したがっ

6.6 遍歴電子モデルと局在モーメントモデル

(a) 遍歴電子強磁性

(b) 局在モーメント強磁性

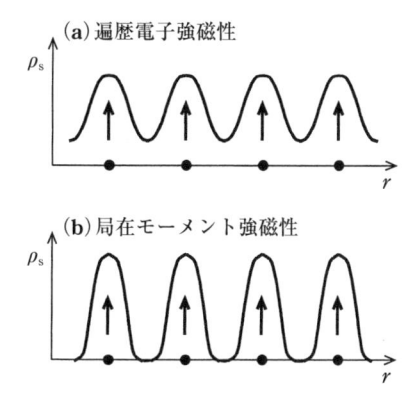

図 6-21 0 K での遍歴電子強磁性体，局在モーメント強磁性体のスピン密度の空間分布（局在モーメントモデル（絶縁体）では原子間で $\rho_s=0$ になることに注意）

て，電気伝導特性には大きな差（前者は絶縁体，後者は金属伝導）があるが磁気的には，遍歴電子の場合も，上記 APW 法などのバンド計算でも示されるように，そのスピン密度はほぼ自由原子のそれに近く，両者の差はそれほど大きいわけではない．

（2） キュリー温度以上での違い

一方，T_c 以上の常磁性温度域ではスピン密度分布に大きな差が生じる．局在モーメントモデルでは図 6-22 に示すように，個々の磁気モーメントの大きさは変わらずその向きが空間的，時間的にランダムに反転（回転）する．それに対し，ストーナーモデルでの常磁性状態は図 6-23 に示すようにバンドの分極が消失するわけであるから，空間的にもスピン密度は消失する．すなわち，磁気モーメント自身が消失するということになる．

（3） 最近の考え方（スピンの揺らぎ）

では「実際の金属磁性体はどうなのか？」という問いに対し，最近ではその中間としてスピンの揺らぎの概念が提出されている[20]．すなわち，図 6-24 に示すように 0 K の性質はバンド計算で正しく説明できるが，温度の効果は主としてスピン密度の時間的空間的揺らぎに寄与し，キュリー温度以上では平均スピン密度は 0 となるが揺らぎは消失しない．ただし，このとき揺らぎの 2 乗振幅 S_L^2（図 6-25 参照）は温度と

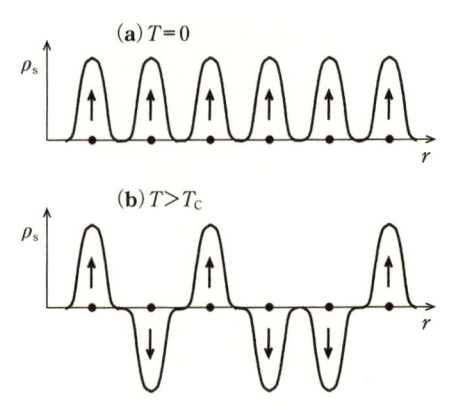

図6-22 局在モーメントモデルでの0K(a)およびT_c以上(b)におけるスピン密度の分布（時間的にも変化している）

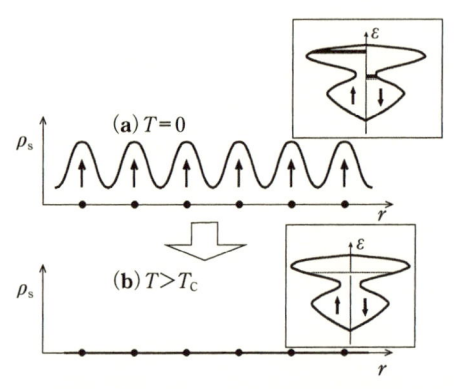

図6-23 ストーナーモデルでの0K(a)およびT_c以上(b)におけるスピン密度の分布（バンド分極の消失に伴いスピン密度も消失する）

ともに変化する．具体的にどの程度変化するかは物質により異なり，理論的に求めるのは難しい問題であるが，図6-25に示すようにいろいろなタイプが考えられる．ここで，注意すべきことは0Kではスピン密度が零であるパウリ常磁性においても熱エネルギーによりスピンの揺らぎが励起されその振幅は温度上昇とともに増加する．強磁性体の場合は低温では局所的な分子場で誘起されていた静的な揺らぎ（バンドの分極）の振幅が分子場の減少に伴い減少し，T_c以上では分子場の効果がなくなり再

6.6 遍歴電子モデルと局在モーメントモデル

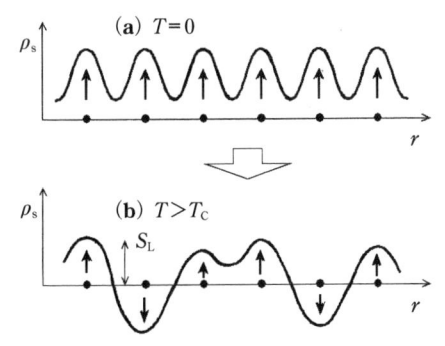

図 6-24 スピンの揺らぎ理論の概念図（S_Lは揺らぎの振幅を表す）

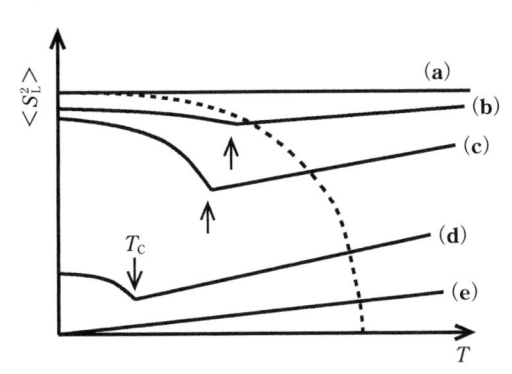

図 6-25 いろいろなタイプのスピンの揺らぎの概念図（（a）局在モーメント，（b）局在モーメントに近い遍歴電子強磁性体（Feなど），（c）インバー型（$Fe_{65}Ni_{35}$合金），（d）「非常に弱い」遍歴電子強磁性体，（e）パウリ常磁性（点線はストーナーモデル））

び熱揺らぎにより振幅が増加するものと考えられている．「非常に弱い」遍歴電子強磁性体（0Kでの自発磁気モーメントが1原子当たり0.1μ_B程度あるいはそれ以下のきわめて小さな値を示す金属強磁性体）については守谷によるSCR（Self Consistent Renormalization）理論[20]により計算されておりT_Cにおける揺らぎの振幅の平均値は0Kでの自発磁化の3/5となることが求められている．また，キュリー温度以上の帯磁率がキュリー-ワイス則に近づくことも説明されている．Fe, Co, Niのような大きな磁気モーメントをもつ金属強磁性体については理論的取り扱いが難しく

断定できないが，いろいろな実験事実と合わせて考えると局所的なスピン揺らぎの振幅は局在モーメント型に近く，ほとんど温度変化しないと考えられている．したがって，この場合は，温度による自発磁化の変化は局在モーメントモデルに対する分子場のイメージがそれほど悪くないと考えてよい．また，実測のキュリー温度が図の点線で示したストーナーモデルで計算された値よりかなり低くなることも容易に理解できる．インバー型として示されているのは，筆者が低熱膨張を示す強磁性 $Fe_{65}Ni_{35}$ 合金の熱膨張異常を説明するために導入したモデルで，後の磁気体積効果の章で説明する．また，単純なストーナーモデルの場合は図に点線で示すように当然スピン密度は自発磁化の温度変化に等しく，T_C 以上では消失する．

演習問題 6

6-1 アルミニウムのパウリ帯磁率（質量帯磁率，比質量帯磁率）を計算せよ．さらに，cgs 単位に変換し実験値と比較せよ．

　　ヒント：Al 金属を 1 原子当たり 3 個の電子密度をもつ自由電子と見なし，(6-4)，(6-5)式よりフェルミエネルギー，フェルミレベルでの状態密度を求める．このとき，$D(\varepsilon)$ として(6-4)式を使う場合は(6-8)式の係数 2 は不要．Al は，格子定数 $a = 4.05$ Å の fcc 金属．密度は 2.69 g/cm³．実測値は 0.61×10^{-6} emu/g．

7. いろいろな磁性体

　磁気モーメント間に相互作用が存在すると通常低温において何らかの磁気秩序が発生する。これまでは，強磁性，反強磁性，フェリ磁性といずれも平行（0°）または反平行（180°）（これらをまとめてコリニア（collinear）配列とよぶ）に整列する場合しか考えてこなかったが，実際にはそれ以外の角度で整列する場合もあり，特に最近接相互作用と第2近接相互作用が競合する場合など複雑なスピン配列（磁気構造とよぶ）を示す物質がある。この章ではその一部を各論的に紹介し，最後にスピン配列や磁気モーメントを求める実験手段について簡単に触れておく。

7.1　ヘリカル磁性体と RKKY 相互作用

　Ho（ホルミウム），Tb（テルビウム）などの希土類金属 R の結晶型は hcp で，R^{3+} に相当する局在磁気モーメントをもつ。これらのモーメントは c 面内では平行に整列するが，面間では図7-1のように「らせん」状（helical）の磁気構造を示す。

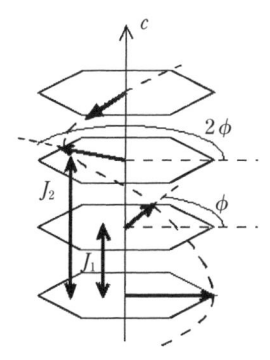

図7-1　ヘリカル構造（面内の磁気モーメントはすべて矢印方向を向いている）

7.1.1 ヘリカル構造の分子場モデル

面内の交換積分を $J_0>0$,最隣接面間の交換積分を J_1,第 2 隣接面間の交換積分を J_2 とする.「らせん」構造を仮定して最隣接面間のスピン方向のなす角を ϕ,スピン量子数を S,原子数を N とすると,(4-5') より,全交換エネルギー E_{ex} は

$$E_{ex}=-2NS^2(J_0+J_1\cos\phi+J_2\cos 2\phi) \quad (7\text{-}1)$$

で与えられ,エネルギーが極値(必ずしも最小値でない)をとる条件式

$$\begin{aligned}\frac{dE_{ex}}{d\phi}&=2NS^2(J_1\sin\phi+2J_2\sin 2\phi)\\&=2NS^2\sin\phi(J_1+4J_2\cos\phi)=0\end{aligned} \quad (7\text{-}2)$$

より $\cos\phi=-J_1/4J_2$.したがって,$|\cos\phi|\leq 1$ よりヘリカル構造をとる必要条件は $|J_2|>|J_1|/4$ で与えられるが,実現する構造は強磁性状態,反強磁性状態のエネルギーと比較吟味しなければならない.その結果得られる磁気状態図を図 7-2 に示す.

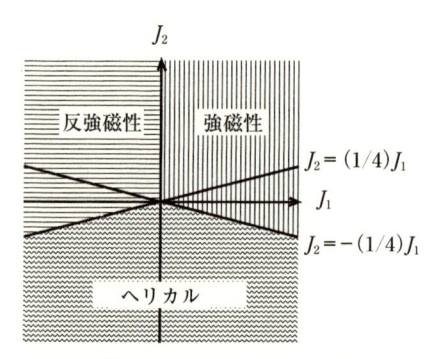

図 7-2 J_1, J_2 座標で表したヘリカル磁性体の磁気状態図

なぜこのような磁気状態図が得られるのか物理的に考察してみよう.$J_2\geq 0$ の場合は,J_1 の正負にかかわらず第 2 隣接面間の磁気モーメントは同じ方向へ向こうとする力が働く.したがって,$J_1>0$ なら強磁性に,$J_1<0$ なら反強磁性となって何ら不都合は生じない.しかし,$J_2<0$ の場合第 2 隣接面間の磁気モーメントは逆方向に向きたいため強磁性,反強磁性のどちらの場合も矛盾が生じる.つまり,相互作用の競合が起こり,妥協の産物としてヘリカル構造が生じるといってもよい.

7.1.2 RKKY 相互作用

ヘリカル構造をとる条件である距離的に振動する交換相互作用のメカニズムとして，希土類金属については，RKKY（Rudermann-Kittel-Kasuya-Yosida）相互作用[21]が考えられている．RKKY 相互作用とは，図 7-3 に示すように原点にスピン S の局在モーメントを置くと，交換相互作用によりその位置の伝導電子のスピンが分極する．その分極度（スピン密度）ρ_s は

$$\rho_s(r) = A\frac{2k_F r \cos(2k_F r) - \sin(2k_F r)}{r^4} \qquad (7\text{-}3)$$

で与えられ，原点からの距離 r の 3 乗に反比例し振動的に減衰する[21]．ここで，k_F はフェルミ波数（フェルミレベルにある電子の波数）である．さらに，R_1 に第 1 近接原子が，R_2 に第 2 近接原子があったとき，それらのスピンと分極した伝導電子スピン間の交換相互作用により振動的な相互作用を生じる．

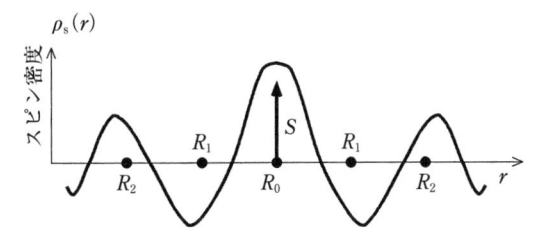

図 7-3 RKKY 相互作用による伝導電子のスピン密度の振動

7.1.3 希土類金属の磁気構造

Tb，Ho の場合スピンは c 面内で回転するが，c 軸方向に向こうとする磁気異方性（後述）が働く場合もあり，上述の RKKY 相互作用と合わせて，円錐（コーン）型磁性，サイン関数変調磁性など複雑な変調構造を示す場合もある．図 7-4 に代表的な変調構造の模式図を示す．

また図 7-5 に希土類金属の各温度での磁気構造を示す．このとき，T_C（または T_N）は交換相互作用が全角運動量のスピン成分に対して作用するので，$T_C \propto (g_J - 1)^2 J(J+1) = (J \text{の } S \text{ 成分})^2$ の関係がある．J 方向のスピン S 成分は (2-27) 式を $\boldsymbol{L} + 2\boldsymbol{S} = \boldsymbol{J} + \boldsymbol{S} = g_J \boldsymbol{J}$ と書き換えることによって求められる．$(g_J - 1)^2 J(J+1)$ を de Gennes 因子とよび，Gd のときに最大となる．

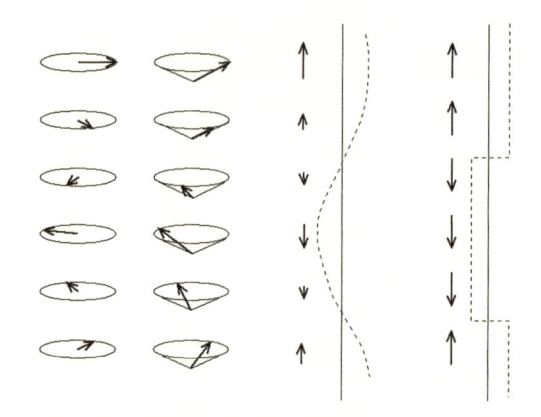

(a) ヘリカル (b) コーン (c) サイン波 (d) 矩形波
図 7-4 いろいろなタイプの変調構造の模式図

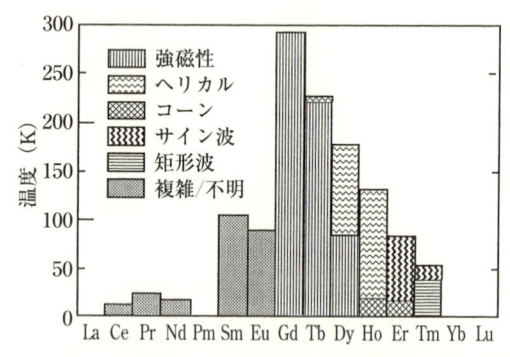

図 7-5 希土類金属の磁気構造と転移温度（実際はもう少し複雑である）[22]

7.2 スピン密度波と Cr の磁性

金属 Cr（bcc）は 312 K 以下で反強磁性的なスピン秩序が生じるが各原子位置での磁気モーメントの大きさが図 7-6 に示すようにサイン関数的に変調を受けている．このような磁性をスピン密度波（SDW）とよぶ．金属 Cr は典型的な遍歴電子系であり，スピン密度波が生じる原因は希土類金属の場合と全く異なり，伝導電子系に結晶格子の周期と異なる周期ポテンシャル（この場合は交換ポテンシャル）を導入するこ

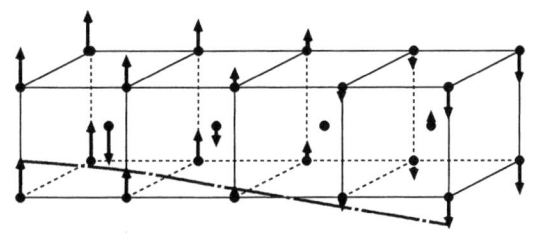

図 7-6 クロムの磁気構造

とによりフェルミレベルにエネルギーギャップが生じ系の運動エネルギーを減少させるためと解釈されている.

7.3 寄生強磁性（キャント磁性）

ジャロシンスキー（Dzyaloshinsky）は反転対称性のない低対称結晶において，近接スピン間にベクトル積型の相互作用

$$E_{\text{D-M}} = \boldsymbol{D} \cdot (\boldsymbol{S}_1 \times \boldsymbol{S}_2) \tag{7-4}$$

が働くことを示した．その原因を守谷はスピン軌道相互作用により説明した[23]．そのため，この型の相互作用をDzyaloshinsky-Moriyaの相互作用とよぶ．反強磁性的交換相互作用と共存するとき図7-7に示すように反強磁性配列したスピンが少し傾き，微小な自発磁化を示すことがある.

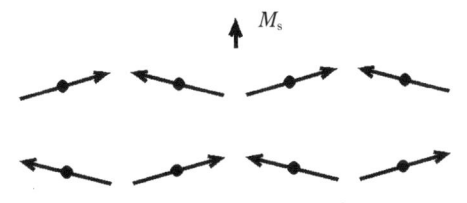

図 7-7 キャント磁性（M_sは自発磁化）

代表的な鉄の酸化物である α ヘマタイト（α-Fe_2O_3）はネール温度945 Kの反強磁性体であるが260 K（Morin温度とよばれる）以下でスピン方向は c 軸方向，以上で c 面内で整列するというスピン再配列転移を起こし，高温相では小さな（0.5 emu/g=6.3×10^{-7} Wb·m/kg）自発磁化を示す．以前は寄生強磁性とよばれその原

因が不明であったが，現在ではDzyaloshinsky-Moriyaメカニズムによると考えられている．

7.4 メタ磁性

　反強磁性体または常磁性体に強い磁場をかけると，不連続的に強磁性に転移する物質がある．これをメタ磁性転移とよぶ．局在モーメント反強磁性体については第5章 5.1.2(4)で述べたように，副格子内の相互作用が正で大きく，副格子間の相互作用が小さいとき（$\alpha \gg \gamma$）生じやすく，$FeCl_2$[24] などの例が報告されている．遍歴電子反強磁性体においてもメタ磁性転移を示す物質があり，ラーベス相金属間化合物 $Hf_{0.8}Ta_{0.2}Fe_2$ などが知られている[25]．この場合のメカニズムについてはスピン揺らぎ理論で説明されている．遍歴電子系では基底状態がパウリ常磁性，すなわち，磁気モーメントが存在しない物質に強い磁場をかけることにより，メタ磁性転移が生じることがある．これは，たとえば図6-10に示すような状態密度曲線を示す金属において，フェルミレベルが谷付近にあり $H=0$ ではストーナー条件を満たさずパウリ常磁性であるが，E-M 曲線において図7-8に示すように，$M=0$ と M_0 において2つの極小値をもてばメタ磁性転移が生じる可能性がある．図7-9に示すラーベス相化合物 $Y(Co_{1-x}Al_x)_2$ のメタ磁性はこのようなメカニズムによると思われる．

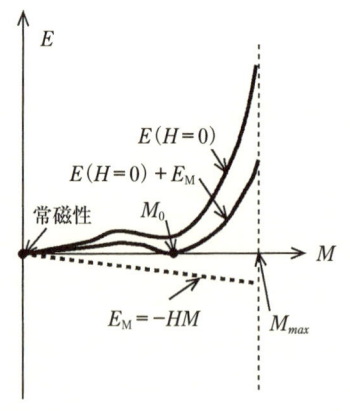

図7-8 遍歴電子メタ磁性を起こす場合のエネルギー-磁化曲線（図6-10参照）

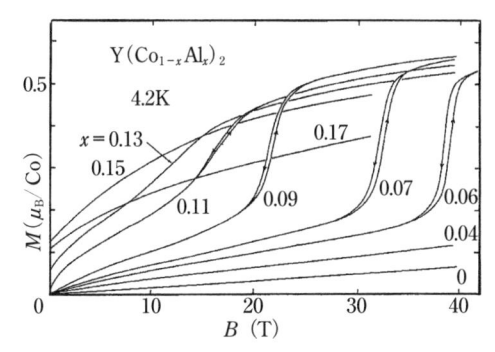

図 7-9 $Y(Co_{1-x}Al_x)_2$ のメタ磁性転移（YCo_2 では約 70 T で転移を起こす．急激な磁化の増加はヒステリシスを伴い 1 次の転移であることを示している）[26]

7.5 スピングラス

図 7-10 に示すように，スピン凍結温度 T_f 以下で，磁気モーメントがランダムな方向に固定した状態をスピングラス（spin glass）状態という．磁性原子を含む無秩序合金（Au-Fe, Cu-Mn 合金など），混晶等で，正負の交換相互作用が競合する場合に生じる．

その特徴として，無磁場で冷却した試料について，きわめて弱い磁場で温度上昇過程の帯磁率を測定すると，反強磁性体と類似のシャープなピーク（カスプ）が観測される．しかし，磁場中での冷却過程の帯磁率は，反強磁性体と異なり，T_f 以下でほぼ一定となる（磁場中冷却効果，図 7-11）．これは，T_f でのスピン配列がそのまま固着し磁化が一定に保たれると解釈してもよい．ただし，T_f で比熱のピークが見ら

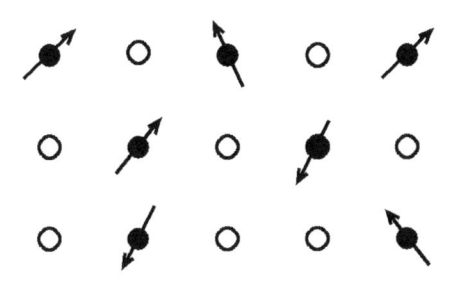

図 7-10 スピングラス状態（●磁性原子，○非磁性原子）

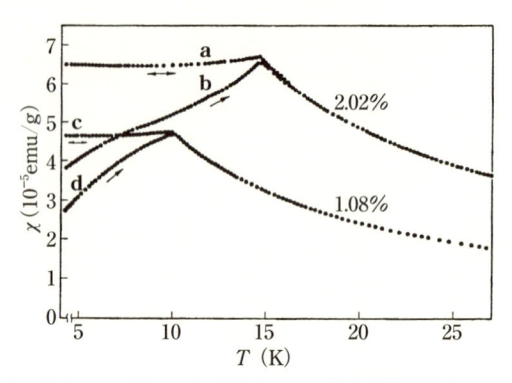

図7-11 Cu–Mn (Mn：2.02%, 1.08%) における帯磁率 (a, c：磁場中冷却, b, d：零磁場冷却)[27]

れないなど，2次の相転移の特徴を欠く．

7.6 フラストレート系

　ある特定の幾何学的位置に磁性原子が存在し，最近接相互作用が反強磁性的であるとき最低エネルギーをとるスピン配列が一義的に決まらないことがある．このような例として図7-12に2次元系での正三角形，3次元系での正4面体を示す．これらを構成要素とする格子として図7-13に示すように2次元系では辺を共有する三角格子，頂点を共有するカゴメ格子，3次元系では辺を共有する面心立方晶，頂点を共有するパイロクロア格子（スピネルのBサイトも同じ）などがある．もし負の最近接相互作用のみが働くとすればこれらの構造では最低エネルギーを有するスピン配列が無数（原子数のオーダー）にあり一義的には決まらない．これを完全フラストレート系とよぶ．その基底状態がどうなるか興味ある問題であり，最近盛んに研究されている．可能性としては，(1)結晶に不規則性がなくても磁気モーメントがランダムに凍結しスピングラス状態となる．(2)基底状態においても量子効果により時間的にも揺らぎが残り常磁性基底状態が実現する，といったことが考えられる．後者の場合，最近接原子間の反強磁性的スピン相関は存在し，いわばスピン液体状態といってよい新しい磁気状態であり興味がもたれている．

　しかし実際の結晶中では，(1)第2近接，あるいはさらに遠距離相互作用の影響，(2)2次元格子においては，面間相互作用，(3)結晶の歪み，などの影響により何ら

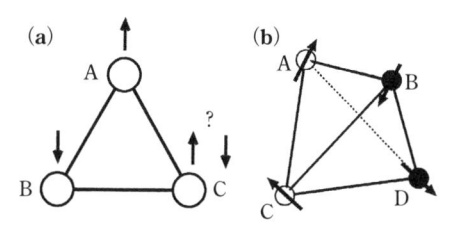

図 7-12 フラストレート系の基本単位構造（(a)正三角形：A スピン，B スピンが反平行になると C スピンはどちらを向いていいかわからない．ただし，相互作用エネルギーが $-2J\boldsymbol{S}_i\cdot\boldsymbol{S}_j$ で表せるベクトルスピンの場合，120°配列が最低エネルギーとなる．(b)正4面体：A-B，C-D ペアを反平行にするとペア間の相互作用が打ち消し方向が定まらない．証明は略すがベクトルスピンの場合 $S_A+S_B+S_C+S_D=0$ を満足すれば最低エネルギーとなる）

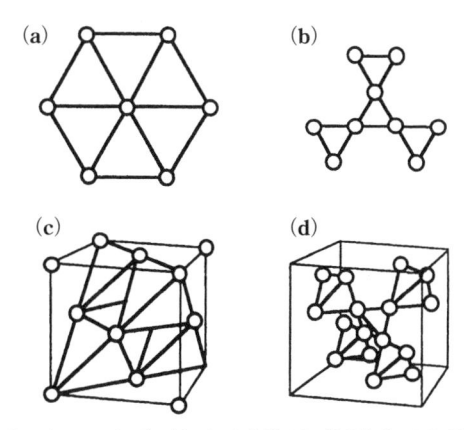

図 7-13 完全フラストレート系（(a)三角格子（辺共有三角格子）：$CsCoCl_3$ など，(b)カゴメ格子（頂点共有三角格子）：$Sr(Cr-Ga)_{12}O_{19}$ など，(c)面心立方晶（辺共有正4面体格子），(d)パイロクロア，ラーベス相（頂点共有正4面体格子）：$Y_2Mn_2O_7$, YMn_2 など）

かの磁気秩序が生じることが多い．ただ，この場合も，(1)最近接相互作用の強さを反映するワイス温度に比べて磁気転移温度が低い，(2)部分無秩序相の出現など複雑な磁気構造を示す，(3)温度変化に対し磁気構造が変化する，(4)不純物の影響を強く受ける，などの特徴を示すことが多い．以下に代表的なフラストレート系の特徴を各論的に紹介する．

7.6.1 三角格子（CsNiCl$_3$型結晶の逐次相転移）[28]

六方晶 CsCoCl$_3$ は Co が c 面内で2次元三角格子をつくるが面間距離が小さく，c 軸方向に1次元鎖を形成する．したがって，1次元鎖が三角配置をするフラストレート系と見なせる．基底状態は反強磁性でネール温度は 21 K である．しかし 10 K 以上の中間温度では部分無秩序相が生じる．なお，この型の結晶は他にも多く調べられておりそれぞれ特徴ある磁性を示す．詳しくは文献[28]を参照されたい．

7.6.2 面心立方晶（3種の反強磁性構造）

fcc 結晶は辺を共有する正4面体からなっており負の最近接相互作用のみが働く場合は完全フラストレート系であり基底状態の磁気構造はユニークには決まらない．しかし，第1近接原子と第2近接原子間の距離の差は小さく（1：$\sqrt{2}$），第2近接原子間相互作用が無視できない．相互作用がベクトル内積型として，第1近接（J_1）と第2近接（J_2）間の相互作用のみを考え分子場モデルで最低エネルギーを計算すると J_1，J_2 の符号，大きさに応じて図 7-14 に示すような第1種（Type I），第2種（Type II），第3種（Type III）と3つの磁気構造が存在することが知られている[29]．このうち，第2種，第3種の磁気構造単位胞は2個の fcc 単位胞からなる．第5章図 5-1

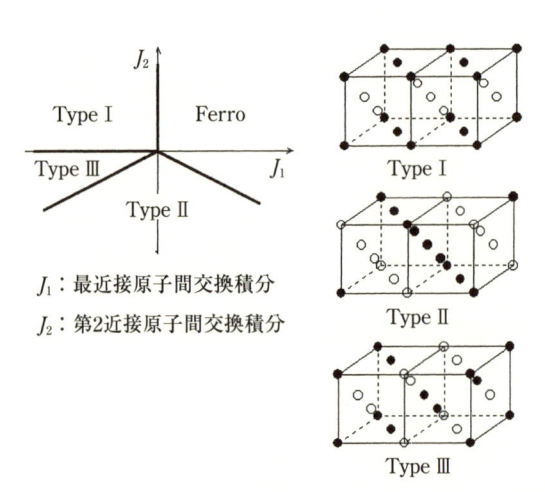

図7-14 3つのタイプの面心立方晶反強磁性体（●，○はそれぞれ＋，－スピン原子．Type I は(001)面内強磁性，面間反強磁性，Type II は(111)面内強磁性，面間反強磁性，Type III の磁気単位格子は2つの fcc 格子にわたる）

に示した代表的な酸化物反強磁性体 MnO は Mn^{2+} イオンが fcc 格子をつくるが,第 2 近接イオン間の Mn-O-Mn 間の超交換相互作用が最も強く働き第 2 種の反強磁性体となっている.

7.6.3 頂点共有正 4 面体格子

(1) パイロクロア型結晶

パイロクロア (pyrochlore) 型結晶は $A_2B_2O_7$ という分子式で表せる酸化物で,A 原子,B 原子ともそれぞれ頂点共有正 4 面体構造をつくる.したがって,A, B 原子が反強磁性的相互作用をする磁性原子であれば完全フラストレート系と見なせ多くの物質の磁性が調べられている.その中には,たとえば,$Tb_2Mo_2O_7$ のように結晶は完全に規則的であるにもかかわらず,スピン系は低温でランダムに凍結しスピングラス状態となり,温度上昇とともにスピン方向が揺らぎだし,連続的に常磁性に変わっていくという,いわば磁気的ガラス遷移を起こす物質が見つかっている[30].

(2) ラーベス相金属間化合物 YMn_2(遍歴電子フラストレート系)

ラーベス相金属間化合物は AB_2 という分子式で表され,B として遷移金属元素,A として希土類元素からなる化合物が数多く存在し磁気的に興味深い性質を示すものが含まれる.立方晶ラーベス相構造では B サイトは頂点共有正 4 面体構造であり最近接原子間距離は純金属に近く $3d$ 電子は遍歴電子として振る舞い金属伝導を示す.B 原子が Mn の場合,磁気相互作用は反強磁性的でありフラストレート系特有の磁性が期待できる.その中で,A 原子が非磁性である YMn_2 は興味ある磁性を示す.YMn_2 自身も 100 K にネール点をもち,超長周期ヘリカル変調された反強磁性という特異な磁気構造を示すが[31],この反強磁性構造は不安定で,数 kbar の圧力を加えるか,Y を 3%程度の Sc で置換し格子定数を縮めてやると反強磁性は消失し基底状態は常磁性となる.しかし,この常磁性状態は,見かけの電子比熱が極めて大きいなど異常な性質を示し,中性子散乱の結果,約 1.5 μ_B 程度のスピンが反強磁性的相関を保ちながら揺らいでいる状態,すなわちスピン液体といっていい状態にあることが明らかにされている[32].

7.7 微視的測定法

磁性研究の手段としては第 1 章で述べた磁化測定が基本となるが,この章で出てき

7. いろいろな磁性体

たいろいろな磁気構造や個々の原子磁気モーメントの値を知るには微視的な測定手段が不可欠である．そのすべてを紹介する余裕はないが，特に重要な中性子回折・散乱，メスバウアー効果，核磁気共鳴について要点のみを紹介しておく．

7.7.1 中性子回折・散乱 （詳しいことは，たとえば参考書[11]参照）

速度 v の中性子線はド・ブロイの関係式より波長 $\lambda_N = h/mv$ の波であり，原子炉から出てくる熱中性子は約1Åの波長をもちX線と同じように結晶解析に使われる．ただし，X線と異なり，中性子は電荷をもたないので結晶中の電子の電荷には反応せず，主に原子核との衝突によって散乱される．しかし中性子はスピン角運動量，したがって磁気モーメントをもつので，原子磁気モーメントによっても散乱される．このとき散乱の強さを標的の半径に相当する量で表した磁気散乱振幅 $b_m(\boldsymbol{Q})$ は図7-15に示すように，中性子スピンの方向 $\boldsymbol{\lambda}$，電子スピンの方向 $\boldsymbol{\sigma}$，散乱ベクトル $\boldsymbol{Q}$ の方向 $\boldsymbol{e}$ に依存し

$$b_m(\boldsymbol{Q}) = \frac{e^2 \gamma S}{mc^2} f_m\left(\frac{\sin\theta}{\lambda_N}\right) \boldsymbol{q} \cdot \boldsymbol{\lambda} = p\boldsymbol{q}\cdot\boldsymbol{\lambda} \tag{7-5}$$

で与えられる．ここで

$$f_m\left(\frac{\sin\theta}{\lambda_N}\right) = \frac{1}{S}\int(\rho_\uparrow - \rho_\downarrow)\frac{r^2 \sin\mu r}{\mu r}dr, \quad \mu = \frac{4\pi\sin\theta}{\lambda_N} \tag{7-6}$$

$$\boldsymbol{q} = \boldsymbol{e}(\boldsymbol{e}\cdot\boldsymbol{\sigma}) - \boldsymbol{\sigma} \tag{7-7}$$

$\boldsymbol{e}$，$\boldsymbol{\sigma}$，$\boldsymbol{\lambda}$ は図7-15(a)に示したように，それぞれ，散乱ベクトル，磁気モーメント，中性子スピンの方向を表す単位ベクトルである．

結晶のミラー指数 (h,k,l) 面からのブラッグ反射強度 $I(h,k,l)$ は，位置 $\boldsymbol{R}_j$ にある j 原子の原子核の核散乱振幅を b_{Nj}，磁気散乱振幅を $b_{mj}(\boldsymbol{Q})$ とすると，核散乱構造因子

(a) 磁気散乱ベクトル (b) 磁気ブラッグ散乱

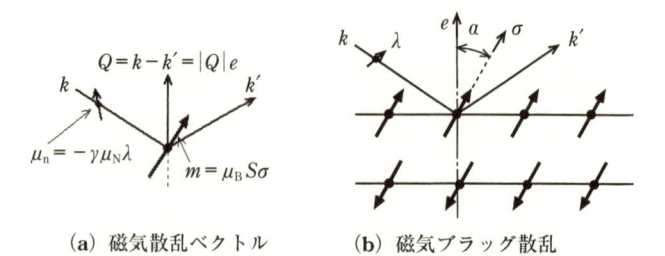

図 7-15 中性子散乱・回折に係わるベクトル（(a)磁気散乱因子を決めるベクトル，(b)磁気ブラッグピーク強度に係わるベクトル）

7.7 微視的測定法

$$F_{\mathrm{N}}(\boldsymbol{Q}) = F_{\mathrm{N}}(h, k, l) = \sum_j b_{\mathrm{N}j}(\boldsymbol{Q}) \exp(i\boldsymbol{Q}\cdot\boldsymbol{R}_j)$$
$$= \sum_j b_{\mathrm{N}j} \exp\{2\pi i(hx_j + ky_j + lz_j)\} \tag{7-8}$$

および磁気散乱構造因子

$$F_{\mathrm{m}}(\boldsymbol{Q}) = F_{\mathrm{m}}(h, k, l) = \sum_j b_{\mathrm{m}j}(\boldsymbol{Q}) \exp(i\boldsymbol{Q}\cdot\boldsymbol{R}_j)$$
$$= \sum_j p_j(\boldsymbol{q}_j\cdot\boldsymbol{\lambda})\exp\{2\pi i(hx_j + ky_j + lz_j)\} \tag{7-9}$$

の和,全構造因子

$$F(h, k, l) = F_{\mathrm{N}}(h, k, l) + F_{\mathrm{m}}(h, k, l) \tag{7-10}$$

の2乗に比例し

$$I(h, k, l) \propto F^2 = F_{\mathrm{N}}^2 + 2F_{\mathrm{N}}\cdot F_{\mathrm{m}} + F_{\mathrm{m}}^2 \tag{7-11}$$

で与えられる.これが中性子回折を解析する場合の基礎方程式となる.

図7-16に中性子回折装置の概念図(上から見た)を示す.磁気構造を知る目的には図7-17で示す磁気ブラッグピークを検出し解析すればよい.そのためには原子炉から出てきた非偏極(スピン方向がランダム)中性子線を使い,Cuの単結晶やc軸方向を揃えたグラファイトのブラッグ反射を利用し単色化し,(a)の2軸スペクトロメータを用いθ, 2θスキャンにより測定する.非偏極中性子線を使うと,(7-11)式

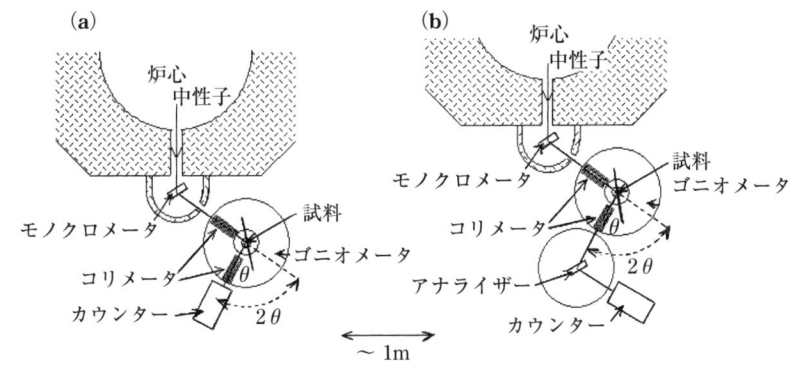

図7-16 中性子回折・散乱装置.(a)2軸スペクトロメータ(中性子回折など一般的な弾性散乱用),(b)3軸スペクトロメータ(非弾性散乱用).(どちらの場合もモノクロメータに強磁性結晶(Fe-Co合金,Cu_2MnAlホイッスラー合金など)を使うことによりスピン方向を揃えることができ,偏極中性子線を得ることができる.アナライザーは小さな2軸回折装置.これにより反射中性子の波数(エネルギー)を解析する)

の右辺第2項は中性子スピンの方向ベクトルが1次で入っているため平均すると散乱強度はキャンセルし0となり，観測される回折線は核散乱項と磁気散乱項の和で与えられる．磁気散乱強度は

$$I(h, k, l) \propto F_\mathrm{m}^2(\boldsymbol{Q}) = \boldsymbol{q}^2 \left| \sum_j p_j(\boldsymbol{Q}) \exp\{2\pi i(hx_j + ky_j + lz_j)\} \right|^2 \quad (7\text{-}12)$$

で与えられる．ここで，αを図7-15(b)に示すように，散乱ベクトルとスピン方向のなす角とすると，$\boldsymbol{e} \cdot \boldsymbol{\sigma} = \cos \alpha$なので，$\boldsymbol{q}^2 = (\boldsymbol{e} \cos \alpha - \boldsymbol{\sigma})^2 = \sin^2 \alpha$となる．$p_j$は(7-5)，(7-6)で与えられスピン方向が異なると異なった値をとる．和は単位胞内の原子についてとるが反強磁性体であれば当然結晶の単位胞より大きくなる．またq^2項を含むので，ブラッグ条件を満たしていても，反射面とスピン方向が90°をなしていると散乱強度は0となる．定数p_jには(7-5)，(7-6)式からわかるように，スピンの大きさSを含んでおり，回折線の強度を解析することにより各原子の磁気モーメントの大きさを推定することが可能である．ただし，実際観測されるのは$I(hkl)$であり，IとF_mの間の比例係数を求める必要がある．これは試料の形状，回折角θに依存し一般的に求まるわけではない．詳しくは専門書（参考書[11]など）を参考にされたい．図7-17に非偏極中性子線によるいろいろな磁性体の回折パターンを示す．(a)の強磁性体の場合は周期性が変わらないので磁気散乱による回折線は核散乱と重なる．いいかえればX線の場合と同じ消滅則に従う．したがって，磁気散乱の寄与を推定するには工夫を要する．偏極中性子線（スピン方向を揃えた中性子ビーム）を用いると(7-11)式の第2項が残り，中性子スピンの偏極方向を反転すると符号が反転する．このことを利用して磁気散乱のみを推定することが可能になるが，強磁性体の磁気モーメントは磁化測定で正確に求まるのであまり一般的ではない．(b)の反強磁性体の場合は新しい周期が発生するわけであるから，核散乱ピークとは別の場所に磁気ブラッグピークが現れる．規則合金のX線回折パターンに現れる超格子線に相当する．磁気ブラッグピークの強度を解析することにより磁気モーメントの大きさと方向を求めることができる（結晶の対称性によってはスピン方向がユニークに決まらない場合もある）．(c)に示したヘリカル構造の場合は主回折線の近傍に，新しい周期の波数ベクトルに対応してサテライトラインが現れる．

その他，試料に不規則性がある場合，非干渉性散乱が生じバックグラウンドが増加する．これを散漫散乱とよぶが，強磁性合金の場合，構成原子の磁気モーメントの差によって磁気散漫散乱が生じる．これを解析することにより個々の原子の磁気モーメントの大きさを求めることができる．図6-19に示した強磁性鉄合金中の各原子の磁

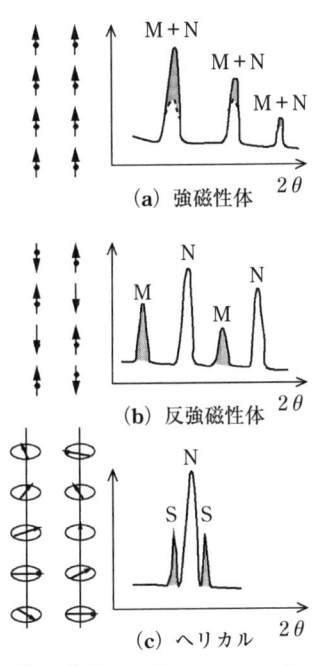

図 7-17 いろいろな磁性体の中性子回折パターン（N：核散乱成分，M：磁気散乱成分（影を付けた部分），S：磁気散乱によるサテライトピーク）

気モーメントはこのようにして求められたものである．

　図 7-16(b)は非弾性散乱に使用される3軸スペクトロメータの概念図である．散乱された中性子の波数ベクトルを単結晶を用いたアナライザーのブラッグ散乱角から求め，運動量保存則，エネルギー保存則を適用することにより，たとえばフォノンの分散関係を求めることができる．偏極中性子を使えば磁気散乱成分を解析することによりスピン波の分散関係を求めることができる．また，散漫散乱を解析することにより常磁性状態での磁気モーメントの大きさや相関関数を求めることも可能である．ただし，精度の高いデータを得るには強い中性子束，したがって大きな研究用原子炉が必要でこのような実験が可能なのは日本原子力研究機構に設置された改3号炉を含め世界に数ヵ所しかない．なお，最近では加速器で発生させたパルス中性子を利用する方法も開発されている．

7.7.2 メスバウアー効果 （詳しいことは，たとえば参考書[12]参照）

メスバウアー効果とはガンマ線を使った分光法で磁性を含め物性研究にも広く使われている．最も普及している ^{57}Fe のメスバウアー効果を例にとり簡単に原理を説明しておく．人工の放射性同位元素である ^{57}Co は約 270 日の半減期で崩壊し ^{57}Fe になる．このとき，いったん，^{57}Fe の励起状態に遷移するが 2 段階のガンマ線放射により基底状態の ^{57}Fe に落ち着く．図 7-18 は最終段階の崩壊プロセスを示しており 14.4 keV という X 線並の低エネルギーガンマ線を放射する．自然鉄は約 2%の ^{57}Fe 同位元素を含むので，鉄を含む試料にこのガンマ線を当てると原子核が共鳴吸収を起こす可能性がある．ただし，ガンマ線を放射する際，運動量保存則の要請により原子核が反跳を受けガンマ線のエネルギーの一部がそのために消費される．また，吸収を起こす場合は逆に吸収原子核が動くため余分なエネルギーを必要とする．そのため，このような共鳴吸収は生じないと考えられていた．しかし，その原子核が結晶中に埋め込まれているとき運動量保存則が試料全体の運動との間に成り立てばいいということも考えられ，実際，ほとんど反跳エネルギーを失わずに放射・吸収されるガンマ線が一定の確率で存在することがメスバウアーにより発見された．ただし，その確率は γ 線のエネルギーの 2 乗に反比例するので，このような吸収が実際に観測されるのは 100 keV 以下の低エネルギーガンマ線を放射する同位元素に限られるのでその種類が限定される．その中で ^{57}Fe は，温度や結晶の堅さにもよるが約 80%の無反跳吸収を起こすので実験が容易であり，かつ鉄は実際的にも学問的にも重要な元素なので，メスバウアー効果の報告の大半は ^{57}Fe に関するものである．当然，磁性研究の分野でもよく使われる．

ところで，なぜ本来原子核のエネルギー準位に係わるガンマ線のスペクトルが物性

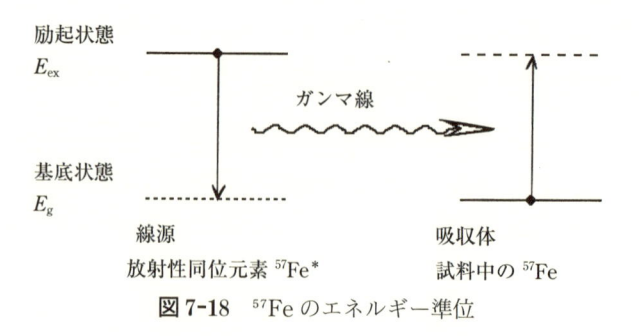

図 7-18 ^{57}Fe のエネルギー準位

7.7 微視的測定法

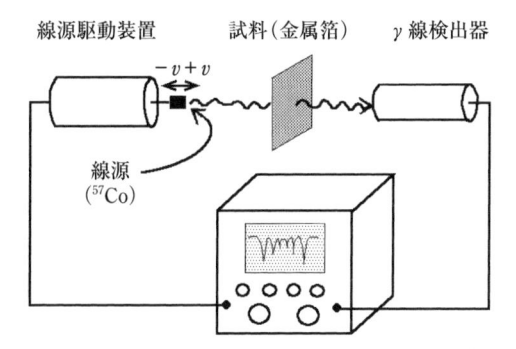

図 7-19 メスバウアースペクトロメータの概念図

研究に役立つのであろうか？　それは，放射されるガンマ線の純度，すなわちエネルギー幅 ΔE（^{57}Fe* の寿命で決まる）がきわめて小さく，したがってスペクトルの分解能が高く，原子核と周りの電子との相互作用によって生じる微小なエネルギー準位の分裂が検出可能であるからである．図 7-19 にメスバウアー効果測定装置の概念図を示すが，線源ガンマ線のエネルギーを変化させるのに線源を動かすことによるドップラー効果が使われ，横軸に線源速度（エネルギー）を，縦軸にガンマ線検出器（通常比例計数管が使われる）の出力の内 14.4 keV ガンマ線に相当する波高のパルス数をプロットすることによりスペクトルが得られる．以下にこのスペクトルからどのような情報が得られるかを列挙する．

（1）アイソマーシフト

線源と吸収体中で原子核位置での電子密度に差があると，図 7-18 に示した線源と吸収体のエネルギー間隔がわずかにずれる．これは，原子核が有限の大きさをもち，かつ基底状態と励起状態の半径が異なる（励起状態の方が原子核半径が小さい）ため，核位置での電子（s 電子密度）との静電相互作用によるポテンシャルエネルギーに差が生じるためである．具体的には，電子密度がより大きい位置にある原子核ほど，相対的に基底状態と励起状態間のエネルギー間隔が小さくなる．したがって，線源と吸収体（試料）で Fe の価数など化学状態が違うと，放射されるガンマ線のエネルギーと吸収体のエネルギー間隔にわずかな差が生じ，線源を少し動かすことにより最大の吸収率が得られる．これをアイソマーシフト（isomer shift）とよび，試料中の Fe のイオン価数を推定する手段となる．

(2) 超微細磁場（内部磁場）

^{57}Fe は基底状態で $I=1/2$, 励起状態では $I=3/2$ の核スピン運動量をもつ．したがって，磁場中では図 7-20(a) に示すように，基底状態は $I_z=m=+\frac{1}{2}, -\frac{1}{2}$ の 2 つの，励起状態は $I_z=m=-\frac{3}{2}, -\frac{1}{2}, +\frac{1}{2}, +\frac{3}{2}$ の 4 つのエネルギー準位に分裂する．すなわちゼーマン（Zeeman）分裂を起こす．遷移は $\Delta m=0, \pm 1$ の場合のみが許されるので 6 つの異なったエネルギー差をもつ状態間で遷移が起こり，メスバウアースペクトルは図 7-20(b) に示すような 6 本の吸収線となる．エネルギー間隔は核の位置での磁場に比例するので，スペクトルの間隔から核の感じる超微細磁場（内部磁場 (hyperfine field)）H_{hf} が求まる．H_{hf} は核の周りの電子との相互作用で生じるものであり，ほぼ鉄原子の磁気モーメントに比例し，経験則から磁気モーメントの大きさが推定できる．ただし，ある一定時間（ラーモア歳差運動の周期）の平均値を感じるのでその大きさは強磁性体の場合は自発磁化に，反強磁性体の場合は副格子磁化に比例し，常磁性状態では 0 となる．したがって，キュリー温度やネール温度の決定にも使える．このように，メスバウアー効果は磁性研究に大変有効な微視的情報を与える手段である．

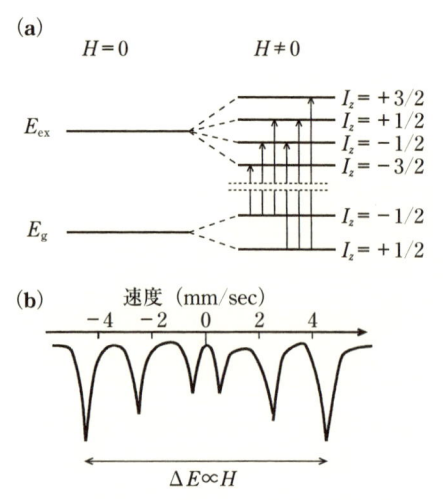

図 7-20 （a）磁場による ^{57}Fe のエネルギー準位の分裂（ゼーマン分裂）および許される遷移と，このときのメスバウアースペクトル(b)

7.7 微視的測定法

(3) 核4重極相互作用（quadrupole interaction）

原子核の形状は一般に球対称からずれており回転楕円体と見なせる．そのため原子核の位置での電場勾配が0でなければ回転軸の方向により静電ポテンシャルエネルギーが異なってくる．しかし，回転軸を反転しても電荷の分布は変わらないので，量子力学的には I_z の絶対値によりエネルギー準位が決まる．したがって，^{57}Fe の場合，励起状態のエネルギー準位が $\pm\frac{1}{2}$, $\pm\frac{3}{2}$ の2つの準位に分裂し，$H_{hf}=0$ の場合は2本のスペクトルが観測され，$H_{hf}\neq 0$ であれば6本の吸収線が左右非対称になる．なお，核位置が立方対称の環境にあれば電場勾配が0となり，4重極分裂は観測されない．

7.7.3 核磁気共鳴（詳しいことは，たとえば参考書[13]参照）

各元素の同位原子核のなかには核スピン，したがって磁気モーメントをもつものが数多くある．この場合，その原子核が磁場や電場勾配を感じておれば，メスバウアー効果の場合同様ゼーマン効果や核4重極相互作用によりエネルギー分裂を起こし，そのエネルギー差に相当する周波数の電磁波（$\nu=\Delta E/h$）を当てれば共鳴吸収を起こす．この現象を核磁気共鳴とよび磁性研究の有力な手段の1つである．磁性研究でよく使われる同位元素としては ^{1}H, ^{19}F, ^{51}V, ^{55}Mn, ^{59}Co, ^{63,65}Cu などがある．これらはすべてそれらの元素の自然同位元素の主成分である．メスバウアー効果で利用される ^{57}Fe は自然鉄には約2%しか含まれておらず，核磁気共鳴の実験は不可能ではないが難しい．得られる情報は，強磁性体や反強磁性体についてはメスバウアー効果と同様，超微細磁場や核4重極相互作用などがある．常磁性体の場合，外部から磁場をかけることにより共鳴吸収を起こすが，この場合，電子のスピンとの相互作用により原子核が感じる磁場が外部磁場の値からわずかにずれ共鳴周波数がシフトする．これを化学シフト（金属の場合はナイトシフト）とよび，やはり超微細相互作用についての情報，具体的には核が属す原子の微視的な帯磁率を推定することができる．

測定法は，初期の段階ではエネルギー間隔に相当する周波数（数MHz〜数百MHz）の電磁波を試料に当て吸収率を測定していたが，最近では短時間パルス状の高周波を当て共鳴を起こしている原子核から放射される微小な電波を解析する方法（スピンエコー法，フーリエ解析法）が主流となりつつある．この場合，時間的な平均値である超微細磁場だけではなく，その時間的揺らぎに関する情報（緩和時間）も得られる．しかし，その原理・方法を説明するのは容易でなく多くの紙数を要するの

で，ここでは参考書を挙げるにとどめておく．

演習問題 7

7-1 ヘリカル磁性について，図 7-2 の磁気状態図がエネルギー最低の条件を満たしていることを証明せよ．

8. 磁気異方性と磁歪

　前章で磁気構造を決める要因として，結晶構造との係わりが重要な役割を果たす場合があることを示したが，さらに次章以降で述べる強磁性体の磁区構造を決める要素としての結晶軸方向と磁化方向の関係，すなわち，磁気異方性がきわめて重要である．この章ではそれに加えて磁化と結晶歪み，体積の関係，すなわち磁歪現象について述べる．

8.1 磁気異方性

8.1.1 磁化容易方向と磁気異方性エネルギー

　強磁性発生の原因である交換相互作用は，2つの隣接したスピンの相対的な角度にのみに依存し，結晶方向とは無関係であったが，実際の強磁性体の自発磁化は結晶の特定の方向に向こうとする．具体的には，鉄（bcc）は[100]方向，ニッケル（fcc）

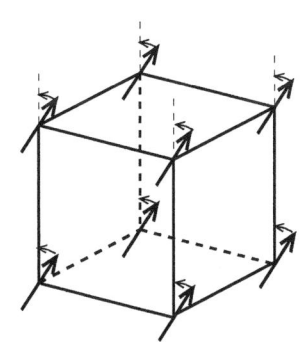

図 8-1 強磁性体の自発磁化の方向は結晶の特定の方向を向こうとする．その方向を磁化容易方向とよび，その力（ポテンシャルエネルギー）を磁気異方性エネルギーとよぶ

は[111]方向,Co(hcp)は c 軸方向に向く.これを磁化容易方向とよぶ.このような傾向を定量的に評価するため,以下の磁気異方性エネルギーを定義する.これはあくまで結晶の対称性を考慮し,系のエネルギーを結晶軸と磁化方向のなす角の方向余弦のべき級数で展開した現象論である.以下,立方晶と六方晶の場合について述べる.

(1) 立方晶

α_1, α_2, α_3 を結晶の $x[100]$, $y[010]$, $z[001]$ 軸に対する磁化方向の方向余弦とすると,磁気異方性エネルギーは

$$E_A = K_1(\alpha_1^2\alpha_2^2 + \alpha_2^2\alpha_3^2 + \alpha_3^2\alpha_1^2) + K_2\alpha_1^2\alpha_2^2\alpha_3^2 + \cdots \tag{8-1}$$

と展開できる.ここで,奇数次の項が現れないのは,磁化方向を反転 ($\alpha_\nu \to -\alpha_\nu$) してもエネルギーは不変でなければならないからである.これは,古典論でいう時間反転対称性の要請による.2次の項が現れないのは立方対称性によるもので,関係式 $\alpha_1^2 + \alpha_2^2 + \alpha_3^2 = 1$ より定数項に還元されるからである.4次の項,6次の項の表し方はユニークでないが通常このように表す.K_1, K_2 を異方性定数とよび単位は J/m^3 である.一般に,$K_1 \gg K_2$ であり,簡単のため $K_2 = 0$ とすると,$K_1 > 0$ のとき,磁化容易方向は $\langle 100 \rangle$ に,$K_1 < 0$ のとき,磁化容易方向は $\langle 111 \rangle$ となることは(8-1)式から容易に理解できる.

(2) 六方晶(1軸対称結晶)

磁化方向と c 軸のなす角を θ とすると

$$E_A = K_{u1}\sin^2\theta + K_{u2}\sin^4\theta + \cdots \tag{8-2}$$

と表せる.一般に,$K_{u1} \gg K_{u2}$ であり,簡単のため $K_{u2} = 0$ とすると,$K_{u1} > 0$ のとき,磁化容易方向は c 軸に,$K_{u1} < 0$ のとき,磁化容易方向は c 面内にある.

8.1.2 磁気異方性定数の求め方

磁場がなければ磁化方向は磁化容易方向に向いているが,磁場を磁化容易方向からずれた方向にかけ磁化すると,両者の方向が一致する方向に回転力が働く.このトルクを測定することにより磁気異方性定数を求めることができる.具体的には図8-2に示すように,盤面を特定の結晶面に合わせて切り出した円盤状の単結晶試料を回転軸の先端に付け磁場中に置き,試料または磁場方向を回転し,回転軸にかかるトルクを適当な方法で測定し解析する.ただ,この方法は比較的大きな単結晶を用意し,特定

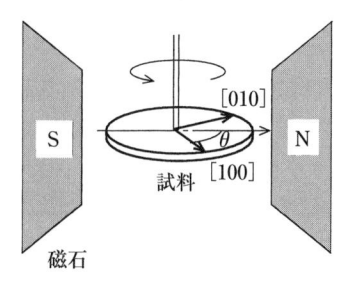

図 8-2 トルクメータの概念図

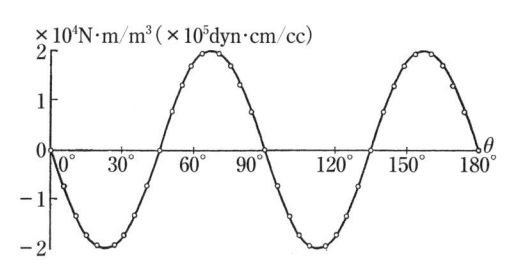

図 8-3 Fe(＋4%Si) 単結晶(001)面について測定したトルク曲線[33]

の結晶面をもつディスク状試料を必要とするのでかなり面倒な測定である．簡便に磁気異方性定数の概略値を求めるには10.1節で述べるように磁化曲線を解析する方法がある．

例1：立方晶強磁性体の K_1 の測定

(001)面に平行なディスク状に切った単結晶を磁場中におき[001]軸にかかるトルクを測定する．磁場方向と[100]方向のなす角度を θ とすると，$\alpha_1=\cos\theta$，$\alpha_2=\sin\theta$，$\alpha_3=0$ なので

$$E_A = K_1 \sin^2\theta \cdot \cos^2\theta = \frac{1}{4}K_1 \sin^2 2\theta \tag{8-3}$$

したがって，トルク T は

$$T = -\frac{dE_A}{d\theta} = -K_1 \sin 2\theta \cdot \cos 2\theta = -\frac{1}{2}K_1 \sin 4\theta \tag{8-4}$$

図 8-3 に鉄（＋4%Si）単結晶についての実測値を示すが，この曲線の振幅から K_1 を求めることができる．

実際には演習問題 8-1 で求めるように (110) 面ディスクを使うと，K_1, K_2 を同時に求めることができる．

例 2：hcp の K_{u1}

c 軸を含む面を切り出したディスク試料でトルクを測定する．c 軸と磁化方向のなす角を θ とすれば，トルクは

$$T = -\frac{dE_A}{d\theta} = -(K_{u1} + K_{u2})\sin 2\theta + \frac{1}{2} K_{u2} \sin 4\theta \tag{8-5}$$

で与えられ，得られた曲線を 2θ 成分と，4θ 成分にフーリエ分解することにより，K_{u1}, K_{u2} を求めることができる．

8.1.3 磁気異方性の原因

図 3-3(b) に示したように，軌道角運動量をもった状態の $3d$ 波動関数の電子密度は z 軸方向に伸びた ($m=0$)，あるいは，xy 面内に広がった形状をしている．この場合 z 軸は磁化方向と見なせるので，磁気モーメントの回転に伴い，下図に示すように歪んだ電子雲も回転する．このとき，周りのイオンとの静電相互作用の違いや，電子雲同士の静電反発エネルギーの差により磁気異方性エネルギーが生じる．

磁気異方性エネルギーの大きさは大雑把には，(軌道角運動量の大きさ)×(結晶の

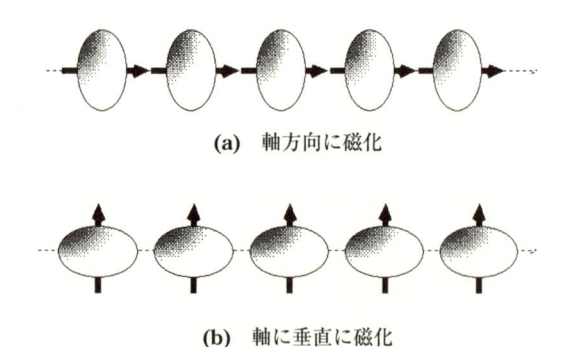

(a) 軸方向に磁化

(b) 軸に垂直に磁化

図 8-4 磁気異方性と磁歪の起因（磁性原子の形状は軌道運動のため J 方向（≡ 磁気モーメントの方向）に軸をもつ回転楕円体と見なせる．静電反発力を考えると (b) の方がエネルギーが高い．また，強い反発力のため原子間隔が少し広がり磁歪の原因となる）

8.1.4 実際の磁性体の磁気異方性

(1) $3d$ 遷移金属強磁性体

表8-1に示すように $3d$ 遷移金属強磁性体の場合，もともと $L=0$ の Fe^{3+}, Mn^{2+} では異方性は小さい．また，それ以外でも結晶中では3.2.6節で述べたように，軌道角運動量の凍結により $\langle L \rangle =0$ となっているはずであるが，スピン軌道相互作用によりスピン方向に軌道角運動量が誘起され小さな磁気異方性を示す．また，対称性の高い立方晶では磁気異方性は小さい．その中でCoフェライトの磁気異方性がずば抜けて大きいのは，3.2.7節(1)で示したように立方対称場においても3重縮退が残り残留軌道角運動量が存在することによると説明されている．

表8-1 主な立方晶磁性体の異方性定数

物質	温度 (K)	K_1 ($\times 10^3$ J/m³)	K_2 ($\times 10^3$ J/m³)
Fe	300	47.2	-0.75
Ni	293	-5.7	-2.3
Fe_3O_4	293	-11.0	-4
$MnFe_2O_4$	293	-2.8	
$CoFe_2O_4$	293	180	
$NiFe_2O_4$	293	-6.2	

(2) 希土類金属を含む磁性体

磁性を担う $4f$ 波動関数は図8-5に示すように大きく歪んでいる．また，結晶中でも軌道角運動は凍結されず残っている．したがって，$L=0$ のGdを除き一般に大き

表8-2 1軸性結晶磁性体の異方性定数

物質	温度 (K)	K_{u1} ($\times 10^3$ J/m³)	K_{u2} ($\times 10^3$ J/m³)
Co	293	430	120
	4.2	680	170
Gd	4.2	220	80
Tb	4.2	90000	540
Dy	4.2	87000	640
$BaFe_{12}O_{19}$	293	320	

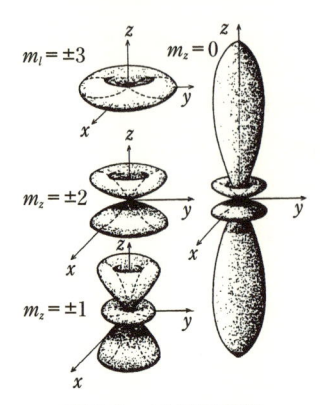

図 8-5　$4f$ 波動関数

な磁気異方性を示す．後に示すが，大きな磁気異方性をもつことは永久磁石材料として好ましい性質で，最近の永久磁石材料の成分元素として使われている．

8.1.5　磁気異方性定数の温度依存性

局在モーメントモデルで考えると，温度上昇とともに磁気モーメントの方向がランダムに近づき，電子雲の歪みも平均化されて球対称に近づく．したがって，磁気異方性定数は温度とともに減少する．計算によれば[34]，立方晶については

$$\frac{K_1(T)}{K_1(0)} = \left[\frac{M_s(T)}{M_s(0)}\right]^{10} \tag{8-6}$$

1軸異方性については

$$\frac{K_{u1}(T)}{K_{u1}(0)} = \left[\frac{M_s(T)}{M_s(0)}\right]^{3} \tag{8-7}$$

と，いずれの場合も，異方性定数は自発磁化の温度依存性より急速に減少する．図8-6に鉄の K_1 の温度依存性を示すが10乗則によく従う．

8.1.6　多結晶の磁気異方性（誘導磁気異方性）

多結晶では磁気異方性は打ち消されて観測されないはずであるが，いろいろな原因により，1軸性の磁気異方性が観測されることがある．

（1）磁場中冷却効果

規則不規則変態する合金を磁場中で規則化処理をすると，冷却後，かけた磁場方向

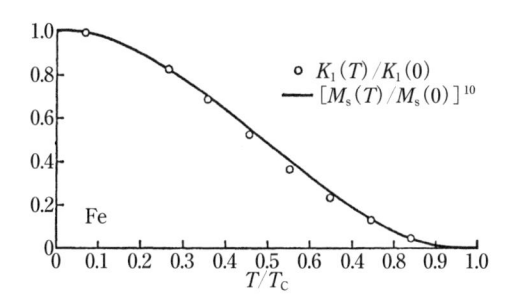

図 8-6 Fe の K_1 の温度依存性と 10 乗則との比較[35]

に 1 軸異方性が生じる（例：Ni_3Fe 合金）．

その他，磁場中で結晶変態を起こす，あるいは磁場中で析出処理を行う場合にも生じることがある．

（2）圧延磁気異方性

Fe_3Ni，Fe-Si 合金などの規則合金を冷間圧延すると，圧延方向または，それに垂直な方向に 1 軸異方性が生じる．

（1），（2）いずれの場合もその原因は，特定の原子対の方向の分布に偏りが生じるために起こると考えられている．

（3）形状磁気異方性

強磁性体微粒子では長手方向が磁化容易方向となる．また，薄膜では磁化方向は一般に膜面内にある．これらの原因は，静磁エネルギー（後述）を最小にするため，反磁場係数が最小の方向に磁化方向が向くからである．

ただし，特殊な方法でつくった場合，磁化容易方向が膜面に垂直になる場合があり，垂直磁化膜として，光磁気記録媒体として重要である．アモルファス Tb-Fe 合金など．

（4）応力誘起磁気異方性

磁歪の逆効果（8.2.4 節（1））参照．

8.2 磁　　歪

8.2.1 磁歪の観測

図 8-4 から，電子雲が歪んでいる場合，磁気異方性が生じるだけでなく，磁化方向に依存する結晶の歪みが予想される．これを「磁歪」という．磁歪を観測する最も簡

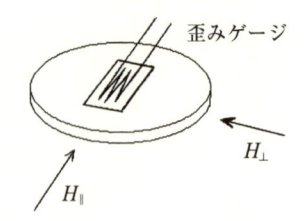

図 8-7 歪みゲージによる磁歪の測定

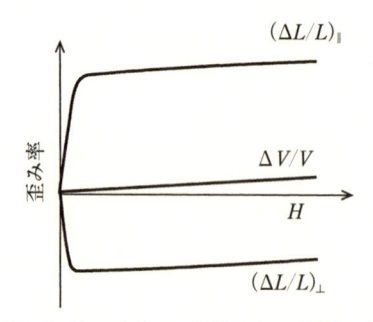

図 8-8 磁歪測定の概念図（$(\Delta L/L)_\parallel$ は磁場方向の磁歪．$(\Delta L/L)_\perp$ は磁場に垂直方向の磁歪．体積変化は $\omega = \Delta V/V = (\Delta L/L)_\parallel + 2(\Delta L/L)_\perp$ で与えられるが，ほとんど変化しない．強い磁場をかけ磁化を増加させると（強制磁化），体積はわずかに変化するが，この図では強調して描いてある）

便な方法は図 8-7 に示す歪みゲージ法である．円盤状試料に歪みゲージを貼り付け試料磁化に伴う長さ変化を測る．実際には図 8-8 に示すように，強磁性体を磁化するとき，磁化方向，および磁化に垂直な方向の長さ変化を測ると，弱い磁場では，一方では伸び（または縮み），もう一方では縮み（または伸び）が観測され体積変化はほとんどない．しかし，飽和後さらに強い磁場をかけると磁化の増加とともにわずかに体積も変化する．これを（強制）体積磁歪とよぶが一般にはきわめて微小で歪みゲージ法では測定が困難である．なお，後述の磁歪定数を求めるためには，単結晶を用い図 8-2 のトルクメータのように，磁場中で試料を回転し歪み率を解析する．

8.2.2 磁歪定数

より一般的には，立方晶単結晶の場合，α_1, α_2, α_3 を磁化方向の方向余弦，β_1, β_2, β_3 を伸びの観測方向の方向余弦とすると，長さ変化は対称性と方向余弦の性質から

$$\frac{\Delta l}{l} = \frac{3}{2}\lambda_{100}\left(\alpha_1^2\beta_1^2 + \alpha_2^2\beta_2^2 + \alpha_3^2\beta_3^2 - \frac{1}{3}\right) \\ + 3\lambda_{111}(\alpha_1\alpha_2\beta_1\beta_2 + \alpha_2\alpha_3\beta_2\beta_3 + \alpha_3\alpha_1\beta_3\beta_1) \tag{8-8}$$

と表せる．α_ν が偶数べき項しかないのは異方性の場合と同様，歪みは磁化の反転に対して不変であり，また，β_ν も偶数べきから始まるのは，試料の伸びを正の歪み，縮みを負の歪みとするので測定方向を反転しても符号は変わらないことよる．λ_{100}，λ_{111} は，消磁状態からそれぞれ[100]方向，[111]方向へ磁場をかけ飽和したときのその方向への歪み率である．

多結晶の場合は異方性の場合と異なり，歪みはキャンセルせず，磁化方向と歪み測定方向がなす角を θ とすれば，結晶構造にかかわらず磁化反転に対する対称性と，体積不変の要請から

$$\frac{\Delta l}{l} = \frac{3}{2}\lambda_s\left(\cos^2\theta - \frac{1}{3}\right) \tag{8-9}$$

と表せる．立方晶強磁性体の場合は，(8-8)式を立体角について平均値をとることにより

$$\lambda_s = \frac{2}{5}\lambda_{100} + \frac{3}{5}\lambda_{111} \tag{8-10}$$

と，λ_{100}，λ_{111} の関数で与えられる．表 8-3 に主な立方晶強磁性体の磁歪定数を示す．

表 8-3 主な立方晶強磁性体の磁歪定数

	λ_{100} ($\times 10^{-6}$)	λ_{111} ($\times 10^{-6}$)	λ_s ($\times 10^{-6}$)
Fe	20.3	-21.2	-4.5
Ni	-58.3	-24.3	-33
$MnFe_2O_4$	-31	6.5	
Fe_3O_4	-20	78	
$CoFe_2O_4$	-590	120	
$TbFe_2$			1753
$Tb_{0.3}Dy_{0.7}Fe_2$			1068

8.2.3 磁歪の応用

磁歪は次章に述べるように磁区構造の形成，磁化過程ひいては磁性材料の特性に大きな影響を及ぼす因子として重要であるが，磁歪の直接の応用としては，超音波振動子，アクチュエータ（駆動素子）などがある．

この目的のためには，できるだけ大きな磁歪定数をもつことと容易に磁化できること，そのために小さな磁気異方性をもつこと（その理由は次章で述べる）が望ましいが，磁歪も磁気異方性も電子雲の歪みに起因するので両者を両立させるのは難しい．実際には超音波振動子としては Ni が用いられることが多い．$TbFe_2$ は希土類を含むので巨大な磁歪定数を示すが，磁気異方性も大きく，磁化するために強い磁場を必要とする．ところが，Tb を Dy で置換すると磁歪定数も少し減少するが，磁気異方性定数 K_1 が正から負に反転するので，適当な組成でほとんど0になり，小さい磁場で磁化される．表8-3に示す $Tb_{0.3}Dy_{0.7}Fe_2$ は Terfenol とよばれ，アクチュエータ材料として使われる．

8.2.4 磁歪の逆効果

（1） 応力誘起磁気異方性

$\lambda_s > 0$（磁化方向に伸びる）強磁性多結晶に大きさ σ の引張応力をかけると，その応力を緩和するように磁化方向が応力方向に向こうとする．すなわち，一方向性の磁気異方性が生じる（$\lambda_s < 0$ の場合は磁化は応力と垂直な面内を向く）．

応力方向と磁化方向のなす角を θ とすると，弾性エネルギーは

$$E_\sigma = -\frac{\Delta L}{L}\sigma = -\frac{3}{2}\lambda_s\sigma\left(\cos^2\theta - \frac{1}{3}\right) = \frac{3}{2}\lambda_s\sigma\left(\sin^2\theta - \frac{2}{3}\right) \tag{8-11}$$

となり，(8.2)式と比較すると，1軸異方性定数は $K_{u1} = (3/2)\lambda_s\sigma$ で与えられる．

（2） ΔE 効果（ヤング率の低下）

（1）と同様，磁化方向が回転することにより（実際は磁壁移動による）応力が緩和される．したがって，弾性定数（ヤング率，剛性率など）が見かけ上低下する（図8-9）．

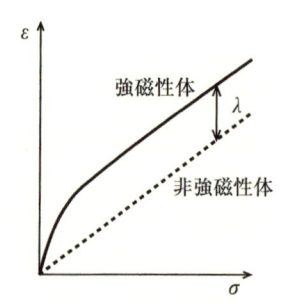

図8-9 多結晶強磁性体と多結晶非強磁性体の応力-歪み曲線

8.3 磁気体積効果とインバー効果

上記の通常の磁歪（方向性磁歪）は体積変化を伴わない．しかし，図8-8に示すように強い磁場をかけ飽和磁化が増加すると体積がわずかに変化する．これを強制体積磁歪とよぶ．このように飽和磁化変化に伴う体積変化を磁気体積効果とよぶ．通常はそれほど大きくないが，低熱膨張率を示すインバー合金（Fe-35%Ni）は磁気体積効果が異常に大きい物質として知られている．また，第6章で述べた金属の磁性を理解するにあたって重要な概念である「スピンの揺らぎ」に関して，重要な情報を与えてくれる．

8.3.1 いろいろな磁気体積効果

（1） 自発体積磁歪 ω_s

図8-10に示すように強磁性や反強磁性などの磁気秩序が生じるとそれに伴って体積変化が観測される．これを自発体積磁歪とよぶ．通常はごくわずかだが $Fe_{65}Ni_{35}$ 合金など異常に大きな体積変化を示す物質があり，格子振動による熱膨張を打ち消し，きわめて小さな熱膨張係数あるいは負の熱膨張係数をもたらすことがある．このような物質をインバー型合金とよぶ．自発体積磁歪を見積もるには仮想的な格子振動

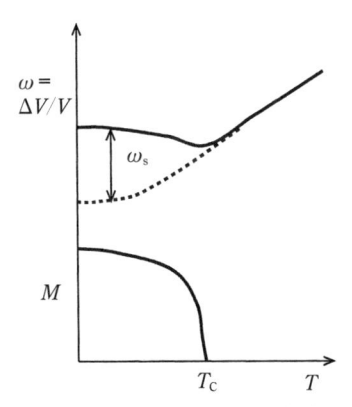

図8-10 自発体積磁歪の概念図（上はインバー型合金の体積膨張曲線を示し，点線は格子振動による仮想的な熱膨張曲線．実線との差が自発体積磁歪 ω_s．下は自発磁化を示す）

による熱膨張を推定する必要があるが一義的に決まるわけでないので，特に体積変化が小さいときは信頼できる値を得ることは困難である．

（2）強制体積磁歪

図8-8に示すように，強磁性体を外部磁場により磁化したとき，初めは磁壁移動による磁化過程で体積変化を伴わない異方的な磁歪が観測されるが，さらに強い磁場をかけると飽和磁化の増加に伴い体積が増加（または減少）する．これを強制体積磁歪という．このとき磁場方向およびそれに垂直方向の長さ変化を$(\Delta l/l)_{\|}$, $(\Delta l/l)_{\perp}$とすれば強制体積磁歪は

$$\omega_{\mathrm{H}} = \frac{\Delta V}{V} = \left(\frac{\Delta l}{l}\right)_{\|} + 2\left(\frac{\Delta l}{l}\right)_{\perp} \tag{8-12}$$

で与えられ，強制体積磁歪定数は

$$\frac{d\omega}{dH} = \left(\frac{d(\Delta l/l)}{dH}\right)_{\|} + 2\left(\frac{d(\Delta l/l)}{dH}\right)_{\perp} \tag{8-13}$$

と定義される．

（3）圧力効果

磁化変化に伴う体積変化の逆効果として，圧力をかけ試料の体積を変化させると磁化やキュリー温度が変化する．それぞれ，dM/dP，dT_{C}/dPと定義する．

（4）合金の格子定数

著者は遷移金属合金$A_{1-x}B_x$の格子定数とその磁気モーメントの間に次式で表せるような簡単な関係式が成り立つことを見いだした[37]．

$$a(x) = a_{\mathrm{A}}(1-x) + a_{\mathrm{B}}x + C\langle|m|\rangle \tag{8-14}$$

ここで，a_{A}, a_{B}, Cはパラメータ，$\langle|m|\rangle$は原子磁気モーメントの大きさの平均値である．図8-11に典型的な例としてbcc Fe-Co合金の格子定数を示す．Fe-Co合金の格子定数はベガード則（直線変化則）から大きくずれるが，(8-14)式第3項を導入することにより見事にフィットする．さらに，この系は50％付近で規則合金をつくり，それに伴い格子定数（体積）が増加するという例外的な振る舞いをするが，これは自発磁化の増加によるものとして説明できる．

これ以外でもほとんどあらゆる合金系で成立するが，第3項を求めるに当たって，強磁性体では1原子当たりの自発磁化の値を使えばいいが，それ以外の磁性体では中

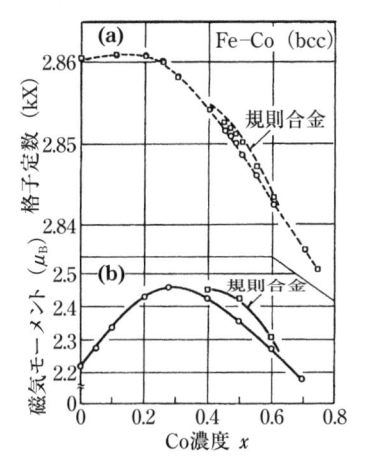

図 8-11 （a）bcc $Fe_{1-x}Co_x$ の格子定数と，（b）1原子当たりの磁気モーメントの平均値（1 kX＝1.00202Å）[36]

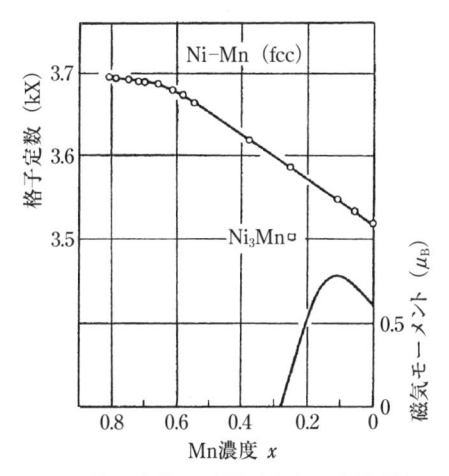

図 8-12 fcc $Ni_{1-x}Mn_x$ の格子定数と不規則合金の自発磁気モーメント（□印は規則相 Ni_3Mn の自発磁気モーメント．1 kX＝1.00202Å）[36]

性子回折などの微視的手段により求める必要があり注意しなければならない．たとえば，図 8-12 に示す fcc $Ni_{1-x}Mn_x$ 系では格子定数は高 Mn 濃度域を除きほぼ直線的に変化するが，自発磁化は10％Mn 付近で極大を示し30％付近で消失する．したがって $\langle |m| \rangle$ として自発磁化の値をとると(8-14)式は成立しないが，この系での自発磁

化の消滅は反強磁性体に移行するためであり,個々の磁気モーメントは不変と考えられており矛盾しない.また25%Mn付近でNi₃Mn規則合金をつくり自発磁化が大きく増加するが,格子定数はほとんど変化しない.これは不規則合金では部分反強磁性となっていた状態が純強磁性になり,自発磁化は増加するが磁気モーメントの値は変化しないからである.ただし,部分反強磁性状態やスピングラス状態にある合金の磁気モーメントを実験的に正確に見積もることはかなり困難で,逆に格子定数の組成依存性が個々の磁気モーメントがどのような変化をするかについて重要な情報を与えてくれる.このような関係は従来磁気体積効果とは考えられていなかったが第3項は明らかに磁気モーメントの発生と関連しており,磁気体積効果の一種と考えてよさそうである.

8.3.2 熱力学的関係式

4.3.1節で示したように,磁性体のギブス自由エネルギーは体積項も考慮すると

$$dG = -SdT - MdH + VdP \tag{8-15}$$

で与えられ,これに対するマクスウェルの関係式より

$$\left(\frac{\partial V}{\partial H}\right)_{T,P} = -\left(\frac{\partial M}{\partial P}\right)_{T,H} \Rightarrow \left(\frac{\partial \omega}{\partial H}\right)_{T,P} = -\frac{1}{V}\left(\frac{\partial M}{\partial P}\right)_{T,M} \tag{8-16}$$

が成り立ち,強制体積磁歪定数と磁化の圧力効果が等価な量であることがわかる.また,1次相転移の転移温度の圧力効果に対するClausius-Clapeyronの式

$$\frac{dT_t}{dP} = \frac{V_H - V_L}{S_H - S_L} = T_t \frac{\Delta V}{Q} \tag{8-17}$$

(T_t:転移温度,V_H, V_L, S_H, S_L はそれぞれ,高温相(H),低温相(L)の単位質量当たりの体積およびエントロピー,Q は潜熱.高温相の体積が低温相より小さければ,圧力を加えると高温相が安定化され転移温度が低下することを表す)の微分型である.2次相転移に対するEhrenfestの関係式[38]

$$\frac{dT_C}{dP} = VT_C \frac{\Delta \alpha_m}{\Delta C_m} \tag{8-18}$$

より,dT_C/dP と自発体積磁歪 ω_s より生じる T_C での熱膨張率の異常部分 $\Delta \alpha_m$ が関係付けられる.ここで ΔC_m は磁気転移に伴う比熱のとびである.

磁気体積効果を4.3.2節で述べたランダウ展開で解析する場合は,自由エネルギー(4-25)式に磁気体積結合項 $-C\omega M^2$ および弾性エネルギー項 $\frac{1}{2}B\omega^2$ (B:体積弾性率)を加え

8.3 磁気体積効果とインバー効果

$$F(\omega, M) = F_0 + \frac{1}{2}aM^2 + \frac{1}{4}bM^4 - C\omega M^2 + \frac{1}{2}B\omega^2 \tag{8-19}$$

と展開し，体積変化についての平衡条件式

$$(\partial F/\partial \omega)_M = -CM^2 + B\omega = 0 \tag{8-20}$$

より，自発体積磁歪

$$\omega_s = (C/B)M^2 \tag{8-21}$$

強制体積磁歪

$$\frac{d\omega}{dH} = 2(C/B)M\frac{dM}{dH} = 2(C/B)M\chi_{hf} \tag{8-22}$$

を得る．ここで，χ_{hf} は飽和後の強制磁化率である．いずれの場合も磁気体積効果の大きさは結合定数 C の大きさに依存する．次に，特定のモデルに立脚して磁気体積効果の起因を明らかにし，個々の現象を説明する．

8.3.3 局在モーメントモデルでの磁気体積効果

局在モーメントモデルに分子場近似を適用すると，磁化と体積変化の関数としての自由エネルギーは

$$F(\zeta, \omega) = -NzJ_{ex}(\omega)(S\zeta)^2 - TS' + \frac{1}{2}B\omega^2 \tag{8-23}$$

と書ける．N は原子数，z は最近接原子数，S はスピン量子数，ζ は相対磁化であり $0 \leq \zeta \leq 1$，S' は磁気エントロピー，ω は $\zeta = 0$（常磁性状態）のときを基準とした体積変化率，B は体積弾性率を表す．交換積分 J_{ex} は体積 ω（原子間距離）に依存するとする．S, S' は体積に依存しない量である．ω の平衡値は $(\partial F/\partial \omega)_\zeta = 0$ から得られ，自発体積磁歪は

$$\omega_s = \frac{Nz}{B}\frac{dJ_{ex}}{d\omega}(S\zeta)^2 \tag{8-24}$$

と導ける．物理的には，磁気エネルギーの得を増やすため J_{ex} が大きくなるよう体積が変化し弾性エネルギーの損と釣り合った所で ω_s が定まる．$M = Ng_J S\zeta\mu_B$ を (8-24) 式に代入し，(8-21) 式と比較すると，磁気体積結合定数は

$$C = \frac{z}{Ng_J^2\mu_B^2}\frac{dJ_{ex}}{d\omega} \tag{8-25}$$

で与えられる．すなわち，局在モーメントモデルでは，磁気体積効果の起因はすべて交換積分の体積依存性に帰着するといってよい．したがって，インバー合金では，$dJ_{ex}/d\omega$ が何らかの理由で特に大きな値をとると仮定すれば，大きな磁気体積効果は

説明できるが,第6章で述べた通り,遷移金属強磁性体は遍歴電子モデルで取り扱う必要がある.

8.3.4 遍歴電子モデルでの磁気体積効果

まず,ストーナー理論に沿って遍歴電子モデルでの磁気体積効果を考える.6.4.2節で示したように,ストーナー理論では(反)強磁性の発現は,交換エネルギーの得と,バンド分極による運動エネルギーの増加とのバランスによって決まる.このとき,体積(原子間距離)の変化によってこれらのエネルギーは変化し磁気体積効果の原因となる.この内,運動エネルギーの増加は体積が膨張することにより抑えられる.したがって,強磁性発生に伴い正の自発体積磁歪が期待される.$3d$ バンドの幅 W は原子間距離 R に対し近似的に $W \propto R^{-5}$ と変化することが知られており,これより,大雑把に見積もると原子磁化 $1\mu_B$ 当たり 2~3% の体積膨張が期待される[39].ただし,交換エネルギーも体積に依存するので正確な見積もりはバンド計算によらねばならない.

表8-4 バンド計算による bcc 鉄の格子定数,磁気モーメント,圧力効果,体積弾性率[40]

	a (Å)	m (μ_B)	$d \ln M/dP$ ($\times 10^{-12} \mathrm{Pa}^{-1}$)	B ($\times 10^{11} \mathrm{Pa}$)
$M=0$	2.73	—	—	3.15
$M \neq 0$	2.79	2.15	−4.9	2.17
Exp.	2.86	2.22	−3.2	1.73

bcc 鉄についての計算結果と実験値を表8-4に示す.この計算は,バンドの分極を許さない状態 ($M=0$) と分極した状態 ($M \neq 0$) について,全エネルギーを格子定数の関数として求め,平衡格子定数,自発磁気モーメント,および磁化の圧力効果,体積弾性率を求めたものである.この結果によると,磁気モーメント,磁化の圧力効果,体積弾性率は実験値とほぼ一致する.これらはすべて基底状態の性質なのでバンド計算が有効であることを示している.自発体積磁歪は $M=0$ の場合の平衡格子定数 $a(0)$ と,$M \neq 0$ についての $a(M)$ より,$\omega_s = 3[a(M)-a(0)]/a(0) \simeq 6 \times 10^{-2}$ と定義するとかなり大きな値となる.ω_s は自発磁気モーメント m_s の2乗に比例するので((8-21)式),$m_{\mathrm{Fe}}^2 = 2.2^2 \approx 5\mu_B^2$ より,$1\mu_B$ 当たり約1%の自発体積磁歪が期待されることになる.ところが,この大きな自発体積磁歪から期待されるキュリー温度での熱

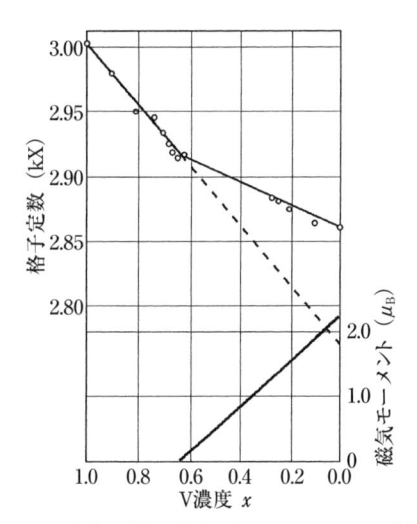

8.3 磁気体積効果とインバー効果

図 8-13 bcc $Fe_{1-x}V_x$ 合金の格子定数（1 kX = 1.00202 Å）と自発磁気モーメント[36]

膨張異常やキュリー温度の圧力効果は実際の鉄ではきわめて小さく実験と一致しない．一方，図 8-13 に示す Fe-V 系の格子定数から，鉄原子が磁気モーメントをもたない V 側の格子定数を純鉄へ外挿して求めた仮想的な非磁性鉄の格子定数は 2.78 Å と見積もられる．ほぼ同じ値が Fe-Al 合金の解析でも得られており，実測値 2.86 Å に比べかなり小さく，ω_s にすると

$$\omega_s = 3\frac{2.86（実測値）- 2.78（外挿値）}{2.78} \simeq 9 \times 10^{-2}$$

と計算値に近い値となる．このことは，キュリー温度での磁化の消失がバンド分極の消失すなわち，磁気モーメントの消失ではなく，6.6.2 節で論じたようにスピンの揺らぎによるものであり，bcc 鉄の場合，常磁性領域でもバンドの分極は図 6-25(b) に示すように局在モーメントとして残っていることを強く示唆している．

8.3.5 インバー型合金の磁気体積効果

Fe-Ni 合金系において fcc 相が bcc 相に結晶変態を起こす直前の 35% Ni 付近の fcc 相合金は室温付近の熱膨張率が小さくインバー合金として知られる低熱膨張構造材料として使われている．図 8-14 に示すように，このような傾向は Fe-Ni 系に限ら

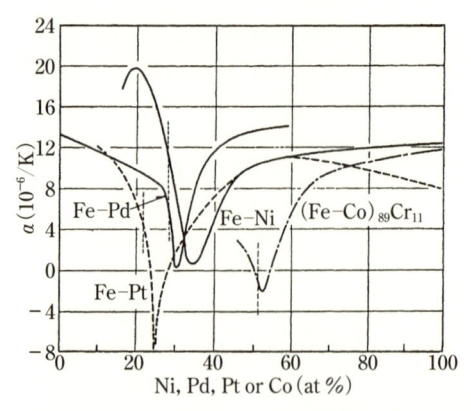

図 8-14 いくつかの鉄合金の室温における熱膨張係数（縦の点線は bcc（鉄側）-fcc 境界を示す）[41]

表 8-5 Fe, Ni, $Fe_{65}Ni_{35}$, $Fe_{72}Pt_{28}$ インバー型合金の磁気体積効果[42]

	Fe	Ni	$Fe_{65}Ni_{35}$	$Fe_{72}Pt_{28}$ Ordered
ω_S （×10^{-2}）	0.14	-0.3	1.9	1.44
$\dfrac{d\omega}{dH}$ at 4.2 K （×10^{-6}/T）	5	1.4	75	13
$\dfrac{d\omega}{dH}$ at R.T. （×10^{-6}/T）	5	1	142	50
$\dfrac{dT_C}{dP}$ （K/GPa）	0	3.5	-36	-30
$\dfrac{1}{M}\dfrac{dM}{dP}$ at R.T. （10^{-12}/Pa）	-2.8	-2.8	-100	—

ず鉄高濃度 fcc 強磁性合金の特徴である．特に，Fe-Pt 合金では 25 at%付近で大きな負の熱膨張係数を示す．この熱膨張異常の原因は図 8-10 に示したように大きな自発体積磁歪により格子振動による熱膨張が打ち消されるためであると考えられている．ただ，何故この合金系で特に大きな自発体積磁歪が生じるのか，すなわち磁気体積効果が大きいのか長い間謎であったが，最近スピンの揺らぎの効果を取り入れた遍歴電子モデルでそのメカニズムが明らかにされつつある．

表 8-5 に Fe, Ni および代表的なインバー型合金である $Fe_{65}Ni_{35}$, $Fe_{72}Pt_{28}$ の磁気体積効果を示す．このうち 4.2 K での $d\omega/dH=(1/M)dM/dP$ （(8-16)式）は基底状

態の値でありバンドモデルで正しく求められる値であり，$Fe_{72}Pt_{28}$ ではそれほど大きいわけでなく，$Fe_{65}Ni_{35}$ インバー型合金で大きな値を示すのは，(8-22)式において，χ_{hf} が大きいためであると解釈すべきである．インバー型合金の特徴は，ω_s および，これに伴って(8-18)式から予想される dT_C/dP が異常に大きいことである．ただしこの値もストーナーモデルから期待できる値より小さく，図 6-25(c)に示したインバー型のスピンの揺らぎの温度変化を示すとして理解できる．

この解釈を直接証明する実験事実は乏しいが，図 8-15 に示す各温度での Fe-Ni 系の格子定数の組成依存性は間接的にこの解釈を支持している．すなわち，0 K における格子定数は(8-14)式に従い，0 K での自発磁気モーメントと類似の組成依存性を示し，35%Ni 付近で最大値を示し，それより Fe 濃度が増加すると急激に減少する．これは，図 6-15 に示した Ni の状態密度曲線から「強い」強磁性状態の Ni に Fe を加えることにより−スピンバンドの電子数が減少し，スレーター−ポーリング曲線に従い自発磁気モーメントが増加するが，35%Ni 付近でフェルミレベルが+スピンバンドの上端に達し，「弱い」強磁性となり磁気モーメントが急激に減少すると同時に，高磁場帯磁率 χ_{hf} が急激に増加し，$d\omega/dH$ の増加をもたらす．一方，常磁性状態である 873 K での格子定数は 50%Ni 付近まで直線的に増加するが，その後は直線から

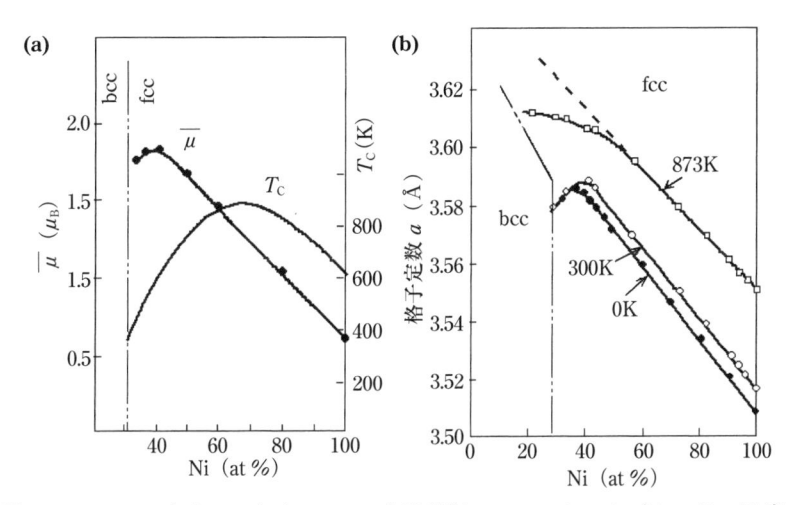

図 8-15 Fe-Ni 合金の，(a) 0 K での自発磁気モーメントおよびキュリー温度，(b)各温度の格子定数（インバー合金（〜35%Ni）は強磁性を失い bcc 相へ転移する寸前の不安定な状態にあることがわかる）

大きく下方にずれる．これは，経験式(8-14)によれば，磁気モーメントの大きさ $\langle|m|\rangle$，したがってスピンの揺らぎの二乗振幅 $\langle S_L^2\rangle$ が減少することを意味しており，大きな自発体積磁歪は強磁性発生に伴い体積が増加するというより，常磁性になると磁気モーメントの大きさが減少し，これに伴い体積が収縮すると考えるべきである．なお，なぜインバー型合金でこのような現象が見られるのか，さらに詳しい議論は文献[42]などを参考にされたい．

演習問題 8

8-1 立方晶強磁性体の[110]軸の回りのトルクを三角関数の1次式で求めよ．

9. 磁区の形成と磁区構造

これまでは磁性の基礎として磁気モーメントの発生，整列，温度の効果など主に微視的な観点から論じてきた．しかし，最も重要な磁性体でかつ応用面でも重要な強磁性体の性質，特に磁場をかけたときの振る舞い，すなわち磁化過程を理解するにはもう少しマクロな性質である磁区とその移動について理解する必要がある．この章ではその基礎となる磁区形成の機構とその形状ついて述べる．

9.1 静磁エネルギーと磁区の形成

ミクロで見た強磁性体はすべての磁気モーメントが同一方向に並んだ状態で，全体として大きな磁気モーメントをもった永久磁石と見なせる（図9-2上）．しかし，永久磁石はエネルギーが高い不安定な状態である．この様子を図9-1に示す．今，永久

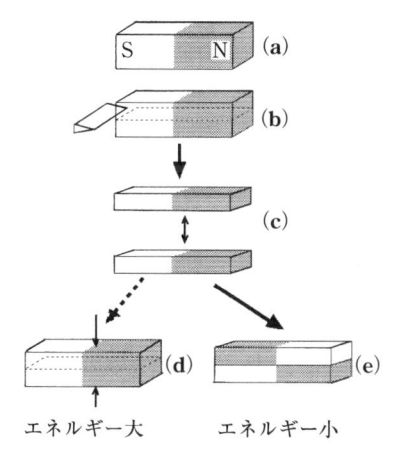

図 9-1 永久磁石がエネルギーの高い状態であることを示す図（静磁エネルギーの起源）

磁石を縦に半分に切断し2つの棒磁石とする（b→c）．このままだと，同極同士が反発し，すぐ回転し異種極同士がくっついた状態で安定化する(e)（低エネルギー状態となる）．元の状態に戻すには反発力に逆らって仕事をする必要があるのでエネルギーが高い状態であることがわかる．

このように，磁石それ自身がもつエネルギーを静磁エネルギーとよび，定量的に計算するのは少々面倒である．小さな磁石を寄せ集め(a)の状態を実現するため反発力に逆らってなす仕事から計算すると，磁化 I（単位体積当たりの磁気モーメント）の永久磁石に対し

$$U_\mathrm{m} = W = -\frac{1}{2} \iiint_{内部} IH dv \tag{9-1}$$

で与えられる[43]．積分範囲は磁性体内部であり，外部磁場がない場合，磁場 H は磁石自身がつくる反磁場（$H_\mathrm{D} = -DI/\mu_0$，次章参照）のみなので U_m は正の値をとる．E-H 対応系の電磁気学によれば，このエネルギーは磁性体表面の磁極から発生する磁場のエネルギーに等しく

$$U_\mathrm{m} = \frac{\mu_0}{2} \iiint_{全空間} H^2 dv \tag{9-2}$$

と表すこともできる[44]．したがって，磁石からわき出る磁束が大きいほど高い静磁エネルギーをもつと考えてよい．

ところで，図9-1(e)の状態は何も実際に磁石を2つに切断しなくても実現できる．すなわち，図9-2に示すように，下半分の原子の磁気モーメントを反転すればい

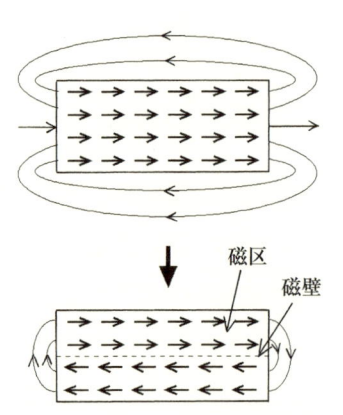

図9-2　ミクロに見た磁区の形成

いわけである．このとき，同じ方向を向く領域を磁区といい，境界面を磁壁とよぶ．実際には，さらに細かい磁区に分割され，外部に磁場を出さない状態（消磁状態）となっている．ただし，磁壁部分はエネルギーが高いので適当な大きさの磁区構造ができる．以下，磁区構造を決める要因を考え磁区構造やそのサイズについて考える．なお，以下に示す計算は問題を単純化して計算しており概数を与えるにすぎないことに注意してほしい．実際の磁区構造はもっと複雑で理論的に求めようとすれば有限要素法等のコンピュータシミュレーションで求める他はない．

9.2 磁区構造を決める要因

9.2.1 静磁エネルギー

図9-3に示すような，厚さlの強磁性体を幅dの上下方向の磁区に細分したときの結晶表面単位面積当たりの静磁エネルギーを大雑把に見積もってみよう．表面に現れる磁極から発生する磁力線は図の半円形の矢印のように閉じ，磁場は半径$d/2$，したがって，体積$1/2\pi(d/2)^2$の半円筒状の領域に閉じ込められる．このような領域は横方向単位長さ当たり上下面合わせて$2/d$個あるので，表面単位面積当たりの総体積は$\pi d/4$となる，磁束の連続性より表面の磁場は$H \approx I_s/\mu_0$なので，(9-2)式の静磁エネルギーは

$$\varepsilon_m \approx \frac{\mu_0}{2}\left(\frac{I_s}{\mu_0}\right)^2\frac{\pi d}{4} = \frac{\pi}{8}\frac{I_s^2 d}{\mu_0} \approx \frac{I_s^2 d}{\mu_0} \tag{9-3}$$

と見積もられる．より精密な計算でもほぼ同じ値が得られる[45]．したがって，磁区を細分化するほど静磁エネルギーは低下する．しかし，細分化すればするほど以下に述べる磁壁の面積が増加し磁壁エネルギーが増加する．

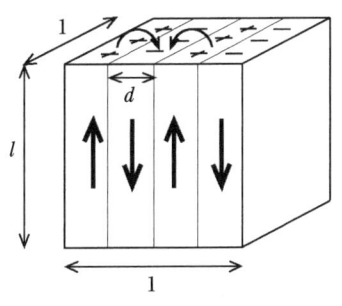

図9-3 磁区の分割

9.2.2 磁壁のエネルギー

図 9-4 に磁壁の近辺のスピンの配列を示す．磁壁の外側（磁区内）ではスピンは磁化容易方向（Fe の場合〈001〉方向）に向いている．磁壁では，突然方向が逆転するのではなく，徐々に回転しながら反転する．磁壁内では以下の 2 つの原因により磁区内よりエネルギーが高い．

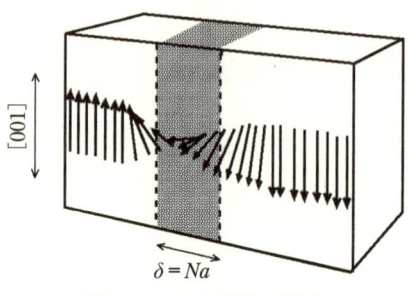

図 9-4 180°磁壁の構造

（1） 交換エネルギーの損

磁壁内では最近接スピンの方向が平行からずれるので，交換エネルギーの損が生じる．磁壁に垂直な最近接スピン対間の角度を ϕ_{ij} とすると，交換エネルギー ω_{ij} は $\omega_{ij}=-2J_{ex}S^2\cos\phi_{ij}\approx-2J_{ex}S^2\left(1-\frac{1}{2}\phi_{ij}^2\right)$，磁区内では $\phi_{ij}=0$ なので，$\omega_{ij}^0=-2J_{ex}S^2$．したがって，1 スピン対当たりの交換エネルギーの損は，$\Delta\omega_{ij}=\omega_{ij}-\omega_{ij}^0\approx J_{ex}S^2\phi_{ij}^2$ となる．

N 原子面で 180°回転する場合，$\phi_{ij}=\pi/N$，したがって，$\Delta\omega_{ij}=J_{ex}S^2(\pi/N)^2$ となり，磁壁の単位面積当たりのエネルギー γ_{ex} は，格子定数 a の単純立方晶を仮定すると

$$\gamma_{ex}=\Delta\omega_{ij}\left(\frac{1}{a}\right)^2 N=\frac{\pi^2 J_{ex}S^2}{Na^2} \tag{9-4}$$

で与えられる．

（2） 磁気異方性エネルギーの損

磁壁内のスピン方向は磁化容易方向からずれているので，異方性エネルギーを損す

る．磁壁内では磁気モーメントが磁化容易方向からずれているので，エネルギー損を磁壁部分の単位体積当たり $\Delta E_A \approx |K|$ と近似すれば，厚さ $\delta = Na$ の磁壁の単位面積当たりのエネルギー γ_A は単純に

$$\gamma_A \approx |K| \times (単位面積) \times \delta = |K|Na \qquad (9\text{-}5)$$

と見積もれる．

(3) 単位面積当たりのエネルギーと磁壁の厚さ

磁壁の単位面積当たりのエネルギー γ は γ_{ex} と γ_A の和となるが，γ_{ex} は N すなわち磁壁の厚さ $(\delta = Na)$ に反比例し，γ_A は厚さに比例する．したがって，両者の和を最小とする厚さが実現する．

$$\gamma = \gamma_{ex} + \gamma_A = \frac{\pi^2 J_{ex} S^2}{Na^2} + |K|Na \qquad (9\text{-}6)$$

$\dfrac{d\gamma}{dN} = 0$ より，$N = \left(\dfrac{J_{ex} S^2 \pi^2}{|K|a^3}\right)^{1/2}$．したがって，単位面積当たりの磁壁エネルギーは

$$\gamma = 2\pi \left(\frac{|K|J_{ex}S^2}{a}\right)^{1/2} \qquad (9\text{-}7)$$

となる．実用に供せられるようなキュリー温度が室温より十分高い強磁性体を想定すると，J と S は物質によりそう大きく変わらないので，結局磁壁のエネルギーは磁気異方性定数 K によって決まるといってよい．

具体的に鉄について見積もると，$S=1$，$a=0.28$ nm，$J_{ex} \approx k_B T_C/z = 1.38 \times 10^{-23} \times 1043/8 \approx 1.8 \times 10^{-21}$ J（(4-13)式 参照），$K = 48 \times 10^3$ J/m^3 として，$N \approx 130$，$\delta \approx 130 \times 0.28$ nm ≈ 36 nm，$\gamma \approx 3.5 \times 10^{-3}$ J/m^2 という値が得られる．

9.2.3 表面弾性エネルギー

鉄のような立方晶強磁性体の場合は磁化容易方向が 6 方向あるので，図 9-5(a) に示すように 90° 磁壁により表面に三角柱状の磁区が生じ磁束が試料内を環流し表面に磁極が生じないような，すなわち静磁エネルギーを生じないような，磁区構造をとることができる．この場合静磁エネルギーの損はないので磁壁エネルギーを小さくするため大きな磁区をつくればよいわけだが，図 9-5(b) に示すように，磁歪のため表面付近に歪みが蓄積する．この歪みエネルギー ε_{el} を大雑把に計算する．三角柱付近の歪み率は λ_{100} であり，[100]方向の弾性定数を C_{11} とすると，単位体積当たりの弾性

図 9-5 環流磁区

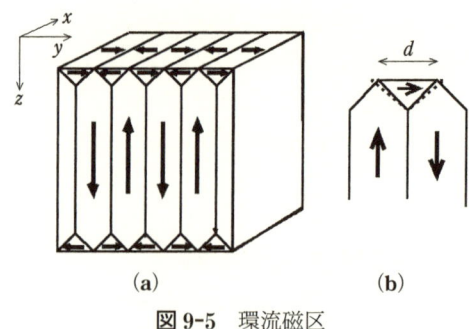

エネルギーは $\frac{1}{2}C_{11}\lambda_{100}^2$ となり，表面から深さ d 付近まで歪みが生じているとすれば，単位表面積当たりの歪みエネルギーは

$$\varepsilon_{el} \approx (1/2)\lambda_{100}^2 C_{11} d \tag{9-8}$$

となり，静磁エネルギーと同様磁区の幅 d に比例して大きくなる．

9.3 磁区の形状と大きさ（理想試料の場合）

図 9-3 のように磁区分割した厚さ l の試料の磁区の幅 d を見積もってみよう．単位表面積当たりのエネルギーを上で求めた式により計算すると，(ⅰ)(9-3)式より，静磁エネルギー $\varepsilon_m \approx I_s^2 d/\mu_0$，(ⅱ)磁壁エネルギー $\varepsilon_\gamma \approx \gamma l/d$．したがって，全エネルギーは

$$\varepsilon = \varepsilon_m + \varepsilon_\gamma = I_s^2 d/\mu_0 + \gamma l/d \tag{9-9}$$

極小値の条件式 $\frac{\partial \varepsilon}{\partial d}=0$ より，磁区の幅は $d \approx \left(\frac{\mu_0 \gamma l}{I_s^2}\right)^{1/2}$ で与えられる．鉄の場合，$\gamma=3.6\times10^{-3}$ J/m^2, $I_s=2.15$ Wb/m^2, $l=0.01$ m とすると，$d \approx 3.1\times10^{-6}$ m となる．ただし，鉄は立方晶なので図 9-5 の環流磁区構造の方がエネルギーが小さい．この場合については静磁エネルギーの代わりに(9-8)式で与えられる表面歪みエネルギーを考えればよく，$d \approx (2\gamma l/C_{11}\lambda_{100}^2)^{1/2}$ で与えられる．再び鉄について計算すると，$C_{11}=24\times10^{10}$ Pa, $\lambda_{100}=20.3\times10^{-6}$ を代入し，$d \approx 8\times10^{-4}$ m $=0.8$ mm とかなり大きなサイズとなるが，観測値とほぼ一致する（図 9-10 参照）．

9.4 実際の磁区構造

純鉄の場合図9-5のようなきれいな磁区は単結晶を用い，さらに試料表面が正確に(001)面などの結晶面と一致している場合にのみ観察されるいわば理想的な磁区構造で実際の磁区構造は，磁化容易方向，結晶表面の結晶軸に対する傾き，試料の形状，大きさ，多結晶の場合は結晶粒界の影響などでいろいろなパターンの磁区が生じる．また，試料の表面に切断時あるいは研磨時に入った歪みにより複雑なパターンの磁区が観測される場合もある．

以下に代表的な磁区構造を挙げておく．

（1） 樹枝状磁区

立方晶で結晶表面が(001)面から少し傾いている場合に生じる．表面に図9-6に示すような磁化方向が水平方向にある樹枝状磁区ができ表面磁極を減少させる．

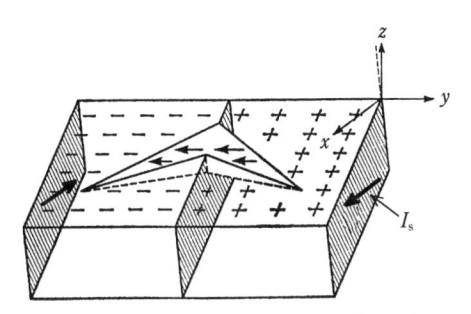

図9-6 樹枝状磁区（試料表面が(001)面から少しずれているときに生じる磁区）

（2） バブル磁区

厚さ方向に一軸異方性をもつ薄膜に見られる磁区構造．磁壁エネルギーを最小にするため磁化が反転した磁区は円筒状になり表面から見ると泡状に見える．磁気メモリー素子として使われることがある（図9-7参照）．

（3） 迷路磁区

磁区を下に述べるような方法で顕微鏡で見ようとしたとき，計算で予想されるより

遙かに小さなサイズの迷路パズルのようなパターンが観測されることがある．これは本来の磁区ではなく，試料調製の際研磨により歪みが入り，磁歪との相互作用で表面にのみ複雑で微小な磁区が生じたからで，磁区観測を困難にする原因となる．これを取り除くには電解研磨によりストレスフリーの表面をつくる必要がある．

（4）単磁区粒子

強磁性結晶の粒子サイズを小さくしたとき，磁壁の厚さに近づくと，磁区に分割したことによる静磁エネルギーの得より，磁壁をつくるエネルギーの損が大きくなり単磁区粒子となる．磁化 I_s，体積 v の永久磁石の静磁エネルギーは次章で定義する形状によって決まる反磁場係数を D とすると，(9-1)式より

$$U_\mathrm{m} = \frac{1}{2\mu_0} D I_s^2 v \tag{9-10}$$

で与えられる．図 9-8 のような球状試料の場合 $D=1/3$ である．単磁区と 2 分割磁区のエネルギーバランスを計算すると，静磁エネルギーは 2 分割すると約半分になるとして

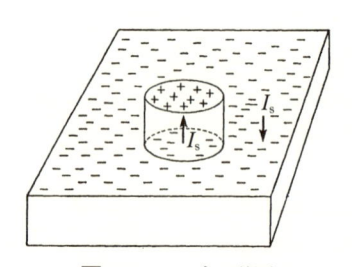

図 9-7　バブル磁区

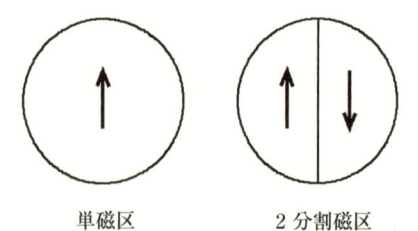

図 9-8　球状微粒子の単磁区および 2 分割強磁性体

$$-\Delta U_\mathrm{m} \approx \frac{1}{2} \cdot \frac{1}{2\mu_0} D I_\mathrm{s}^2 v = \frac{1}{12\mu_0} I_\mathrm{s}^2 \frac{4\pi}{3} r^3 = \frac{\pi}{9\mu_0} I_\mathrm{s}^2 r^3 \tag{9-11}$$

磁壁のエネルギーは $U_\gamma = \pi r^2 \gamma$ なので，$|U_\mathrm{m}| = U_\gamma$ となる臨界半径は

$$r_\mathrm{c} \approx \frac{9\mu_0 \gamma}{I_\mathrm{s}^2} \tag{9-12}$$

で与えられ，鉄について計算すると，$r_\mathrm{c} \approx 4.5\,\mathrm{nm}$ となる．単磁区粒子は磁壁をもたないので磁化しにくく，またいったん磁化すると元へ戻りにくいので永久磁石材料として広く使われている．

9.5 磁区の観察

(1) 粉末図形法 (bitter pattern)

磁区のサイズは普通の金属顕微鏡で十分見える程度であるが，磁壁そのものは光学的には見えない．しかし，強磁性コロイド液（市販の磁区観察用コロイド液）を磁性体の表面に塗布すると，磁極が表面に出ている磁壁の所（図 9-4 参照）に強磁性微粒子が集まる．これを金属顕微鏡で観察すると磁壁が観測できる．また，磁場の影響を見るため，試料に磁場をかけられるような工夫をすることもある．図 9-9 に装置の概念図，図 9-10 にこの方法で観測した樹枝状磁区の写真を示す．なお，このとき磁区は金属表面の状態に敏感であり，機械研磨した試料では，研磨による歪みが磁歪を通じて表面に迷路図形を発生させ，正しい磁区構造を観測することができない．そのため，機械研磨の後，電解研磨により表面歪みを取り除く必要がある．

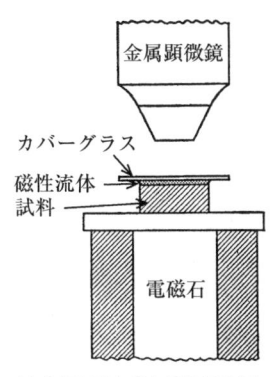

図 9-9 粉末図形法磁区観察装置の概念図

図9-10　粉末図形法で観察したFe(Si)単結晶の樹枝状磁区[46]

(2) 磁気光学的方法(カー効果, ファラデー効果)

　直線偏光した光を強磁性体に入射すると，反射光（カー効果），透過光（ファラデー効果）ともに，試料の磁化方向に応じて偏光面が回転する．これを偏光顕微鏡で観測する．

　図9-11にカー効果による磁区観測法の原理(a)と装置(b)の概念図を示す．この場合は，光軸と平行，反平行方向に磁化した磁区からの反射光が濃淡の差として観測される．したがって，試料面に平行な磁区は観測できない．なお，この方法は光磁気記録（MO, MDなど，13.2節参照）の原理と同じである．

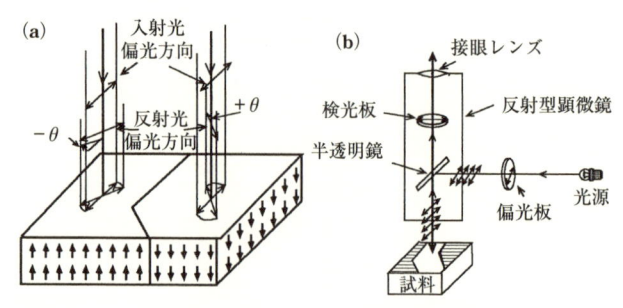

図9-11　カー効果を利用した磁区観測の(a)原理，(b)装置

(3) 電子顕微鏡

電子線が強磁性体膜を透過するとき磁場を感じローレンツ力を受ける．このとき磁区の磁化方向が異なると受ける力の方向が異なり電子線の曲がる方向が異なる．このことを利用して電子顕微鏡による磁区観察も可能であるが特殊な装置と高度の技術が要求され，あまり一般的でない[47]．

演習問題 9

9-1 Ni について，磁壁のエネルギー γ，磁区の大きさ d（図 9-3 の型について）を求めよ．ただし，$S=1/2$, $a=0.352$ nm, $T_\mathrm{C}=631$ K, $K=-5\times 10^3$ J/m^3 とする．

10. 磁化過程と強磁性体の使い方

　前章では外部磁場がない場合，強磁性体は磁区に分割され全体の磁化は $M=0$ となることを示したが，磁場をかけるとポテンシャルエネルギー $U_\mathrm{m}=-MH$ を低下させるよう磁化が発生する．この章では，このときの磁化の増加のメカニズムを明らかにして，磁化曲線の形を決めるさまざまな因子を検討し，軟磁性材料，永久磁石として望ましい性質などについて論じる．また，反磁場の効果など強磁性体を使うに当たって注意する必要のある重要な概念を説明する．

10.1　鉄単結晶の磁化過程

　図10-1に鉄の単結晶の各方向に磁場をかけたときの磁化曲線およびそのときの磁区の動きの概念図を示す．前章で述べたように磁壁は磁区内より高いエネルギーをもつが純物質の場合そのエネルギー値は場所によらないため容易に移動しうる．したがって，磁場を磁化容易方向（[100]方向）にかけた場合は図10-1(b)に示すように磁壁移動のみで磁化が進行し，きわめて弱い磁場で飽和に達する．しかし，[110]あるいは[111]方向に磁場をかけた場合は，図10-1(c)に示すように，磁壁移動だけでは飽和に達せず，まず，弱い磁場で磁壁移動により磁場方向成分をもつ磁区のみになり（このときの磁化の値は，簡単な幾何学的関係により，[110]方向では $I_\mathrm{s}/\sqrt{2}$，[111]方向では $I_\mathrm{s}/\sqrt{3}$ となる），その後は，異方性エネルギーに逆らって，磁化方向が回転し比較的強い磁場で飽和に達する．

● **磁化曲線から磁気異方性エネルギーを見積もる**

　図10-1からわかるように磁化容易方向からずれた方向に磁場をかけた場合は磁化回転により飽和に達するが，飽和に達する磁場は磁気異方性エネルギーが大きいほど高い．このことを利用して，多結晶試料の磁化曲線を解析することにより，磁気異方性エネルギー E_A の概略値を見積もることができる．具体的には，磁化に要する仕事（エネルギー）が

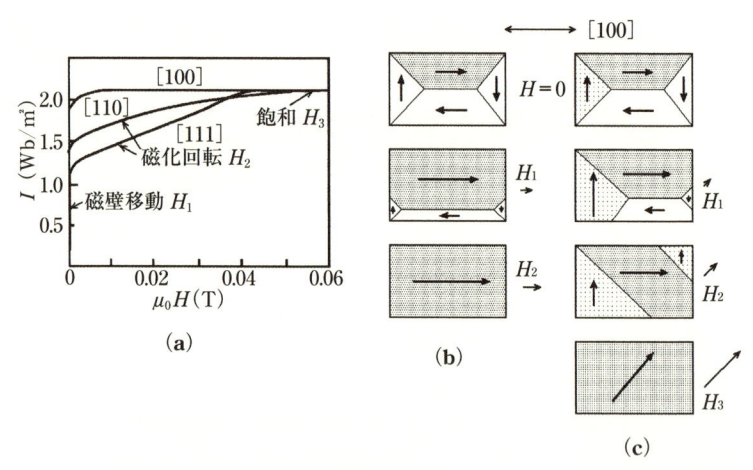

図 10-1 (a) 鉄の単結晶の [100] (容易磁化方向),[110],[111] 方向に磁場をかけたときの磁化曲線.(b)(c) 対応する磁区の動き((b) は [100] 方向にかけた場合:磁壁の移動のみにより,きわめて小さい磁場(数百 A/m = 数 Oe)で飽和に達する([100] 方向の単磁区となる).(c) は [110] 方向にかけた場合:まず磁壁移動で磁場方向成分をもった磁区(影を付けた部分)のみになり,その後磁化回転により飽和に達する)

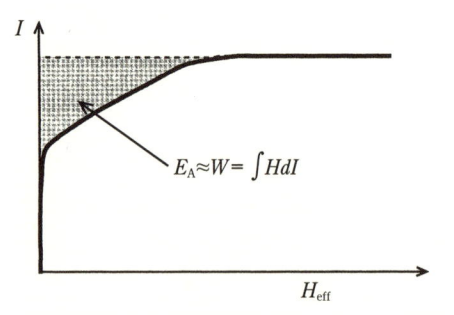

図 10-2 磁化曲線から磁気異方性エネルギー E_A を求める

$$W = \int_0^I H dI \qquad (10\text{-}1)$$

で与えられ,これはほぼ磁気異方性エネルギーに等しいので,図 10-2 に示すように磁化曲線の左側の面積を求めればよい.ただしこの場合,横軸として反磁場の補正(後述)を施した有効磁場を使う必要がある.また,不純物が多く含まれていると磁

壁移動が阻害され正しい異方性定数が求まらない．

10.2　不純物を含む強磁性体の磁化過程

　不純物，格子欠陥があるとその位置で磁壁のエネルギーが変化し，磁壁がそこへ吸引（トラップ）されるか，あるいは反発力を受け，スムーズな磁壁移動が妨げられる．そのため磁化過程は図 10-3 に示すような 3 つの領域を経て進行する．

（1）　初磁化率範囲
　磁壁が障害物にトラップされたまま磁壁の面積を増やしながら移動する．そのため，磁場を切ると元へ戻り磁化曲線は可逆的である．

（2）　不可逆磁壁移動範囲
　磁壁がトラップから逃れ，あるいは障害を乗り越え，磁化が進行する．この領域に達すると，磁化過程は不可逆になり，磁場を切っても磁化は消えず残留磁化が生じる．磁化を 0 にするには逆向きの磁場を印加する必要がある．これに必要な磁場の強さを保磁力（coercive force）という．また，細かく見れば，磁壁がトラップからはずれるごとに磁化は不連続的に進行する．この現象を**バルクハウゼン効果**とよぶ．オーディオ用トランスなどに使うと雑音を発生する原因となる．

（3）　回転磁化範囲および飽和領域
　ほぼ磁壁移動が終わると，最後は回転磁化領域になる．回転磁化が主因であれば，磁化は計算により $M = M_s(1 - b/H^2)$ で近似できる[48]．実際には他の寄与も含まれる

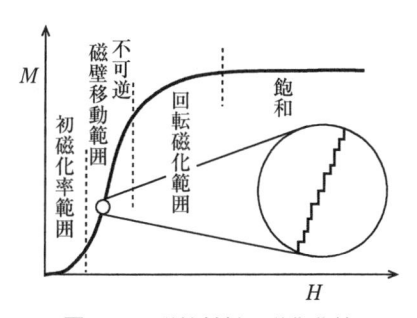

図 10-3　磁性材料の磁化曲線

ので

$$M = M_s\left(1 - \frac{a}{H} - \frac{b}{H^2}\right) + \chi_{hf} H \qquad (10\text{-}2)$$

と,いわゆる飽和漸近則で近似する.最後の項は磁化そのものが増加する強制磁化率 (high field susceptibility) である.キュリー温度近くなどでは無視できないが普通はかなり小さいはずで,実験的にこの経験式でフィットしても得られた χ_{hf} は本来の強制磁化率と等しいとは限らないので注意が必要である.

10.3 ヒステリシス曲線

強磁性体はたとえばトランスの鉄心などのように交流磁場をかけて使うことが多い.そのため,磁場を $+H$ から $-H$ の範囲で交互に印加した場合の磁化曲線が重要でこれをヒステリシス曲線とよび,磁性材料の評価の基準となる.このとき,縦軸は磁化 I そのものではなく,磁束密度 $B(=I+\mu_0 H)$ をとることが多い.図10-4に,残留磁束密度 B_r(残留磁化 I_r),保磁力 H_c,初透磁率 μ_i(初帯磁率 χ_i),最大透磁率 μ_{max}(最大帯磁率 χ_{max}),を示す.ヒステリシス曲線で囲まれた領域の面積 $\left(\oint H dB\right)$ は1サイクルの磁化過程で消費されるエネルギー(鉄損)に等しい.

軟磁性材料は透磁率 μ が大きいほどよい.そのためには H_c が小さいことが必要条件となる.一方,硬磁性材料(永久磁石)では,一見,残留磁束密度 B_r が大きければよさそうであるが,実際には後述する反磁場のため保磁力 H_c が大きいことが要求される.

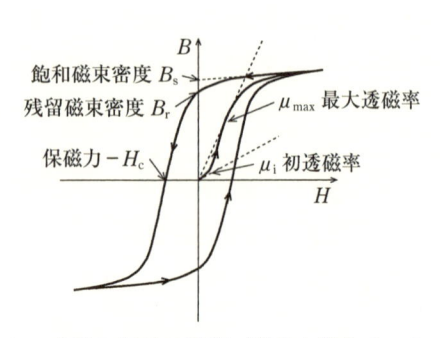

図 10-4 ヒステリシス曲線と諸量の定義(縦軸を磁化 I にとったときは,「磁束密度 B」を「磁化 I」に,「透磁率 μ」を「帯磁率(または磁化率)χ」に読み替える)

10.4 保磁力の起因

強磁性材料の性能を決める最も重要な要因は保磁力であり，軟磁性材料ではできるだけ小さく，永久磁石ではできるだけ大きい方が望ましい．以下に主な保磁力の起因を挙げ説明する．

10.4.1 磁壁と不純物の相互作用

（1） 非磁性不純物による磁壁のトラップ

強磁性体中に存在する半径 r の球状非磁性不純物（空洞と同じ）と磁壁の相互作用エネルギーを見積もる．図10-5に示すような球状の空洞があるとき，磁壁が空洞にトラップされた状態（a）と磁壁が空洞外にある状態（b）のエネルギー差を ΔU とすると，（ⅰ）磁壁エネルギーの差は単純にその空洞に相当する磁壁の面積のエネルギー差：$\Delta U_\gamma \approx \pi r^2 \gamma$ で与えられる．ここで，γ は単位面積当たりの磁壁のエネルギーである．（ⅱ）空洞内に生じる磁場のエネルギー差は（a）が（b）の約半分になるとすると

$$\Delta U_H = \frac{1}{2}\frac{1}{2}\frac{I_s^2}{3\mu_0}\frac{4\pi}{3}r^3 = \frac{\pi}{9\mu_0}r^3 I_s^2 \tag{10-3}$$

で与えられる[49]．いずれの場合も（a）の状態の方がエネルギーが低く磁壁は空洞にトラップされる．なお，半径 r が小さいときは $\Delta U_\gamma > \Delta U_H$ となり（ⅰ）が支配的にな

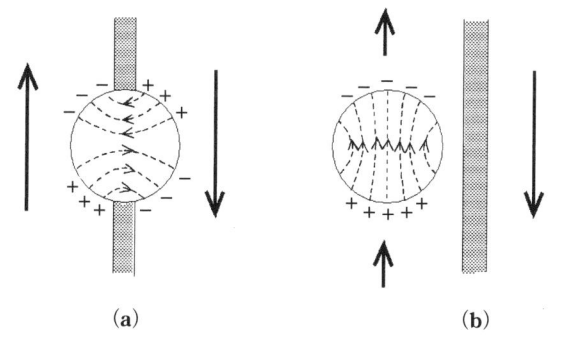

図10-5 球状非磁性不純物に現れる磁極とその磁壁の位置による変化（（b）の方が（a）より静磁エネルギー，磁壁のエネルギーともに大きい．矢印は磁化方向，灰色部は磁壁を，点線は磁力線を表す）

る．このとき，$\gamma \propto \sqrt{K}$（(9-7)式参照）より，異方性エネルギーが大きいほどトラップ力，したがって H_c が大きい．

(2) 内部応力との相互作用

不純物，析出物などで結晶内に不均一な応力場が存在する場合，磁歪を通じて磁壁と結合しトラッピング力の原因となる．磁歪定数と応力場の強さと範囲に比例するが定量的見積もりは容易でない．

10.4.2 単磁区粒子の保磁力

単磁区粒子は磁壁がないため磁化は回転磁化により進行し，磁気異方性によるエネルギー障壁を乗り越え反転する．そのため一般に大きな保磁力が生じる．その大きさを見積もるため，磁化容易方向から θ 度回転した状態の異方性エネルギーを磁化容易方向へかかる磁場によるポテンシャルエネルギーに等しいとして，等価な磁場（異方性磁場 H_A）を見積もると，$\theta \ll 1$ の場合の近似式

$$E_A = K \sin^2 \theta \approx K\theta^2 \equiv -I_s H_A \cos \theta \approx -I_s H_A \left(1 - \frac{1}{2}\theta^2\right) \tag{10-4}$$

が成り立ち，θ^2 の項を比較すると

$$H_A = \frac{2K}{I_s} \tag{10-5}$$

で与えられる．単磁区粒子の保磁力は，ほぼ H_A に等しい．

● **超常磁性**

粒子サイズをさらに小さくすると，1粒子の平均磁気異方性エネルギー $\varepsilon_A \approx Kv$（v：粒子の体積）が，熱エネルギー $k_B T$ に近づく．すると，磁化方向が熱エネルギーにより容易に反転するようになり保磁力を失う．このとき，1個の強磁性粒子が巨大な磁気モーメントをもつ原子のように振る舞い常磁性的な性質を示す．この状態を超常磁性（superparamagnetism）とよぶ．

10.4.3 その他の保磁力の原因

磁壁の生成エネルギーがきわめて大きい場合，飽和によりいったん磁壁が消失するとその後磁場を切っても磁壁が生成しない場合がある．次章で紹介するネオジウム磁石の大きな保磁力（$H_c \approx 12000$ Oe）はこのメカニズムによると考えられている[50]．

10.5 強磁性体を使用するに当たって留意すべきこと

10.5.1 反磁場の影響

磁化することによって表面に現れる磁極が磁性体内部に磁化方向と逆向きの磁場をつくる．この磁場を反磁場 (demagnetizing field) H_D といい，強磁性体を扱うとき見過ごしてはならない重要な役割を演じる．

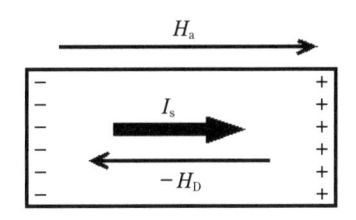

図 10-6　外部磁場 H_a と反磁場 H_D

(1) 反磁場係数

反磁場は一般に試料内部で一様ではないが，磁化 I の回転楕円体試料を回転軸方向に磁化したときは一様な磁場となり

$$H_D = -D\frac{I}{\mu_0} \tag{10-6}$$

$$(\text{cgs 単位系では}\quad H_D = -DI)$$

で与えられる．ここで D を反磁場係数とよぶ．反磁場係数は試料の形状，磁化の方向によって異なり計算は少々面倒である．寸法比（長さ/直径）k の細長い回転楕円体を軸方向に磁化したときの反磁場係数は近似式

$$D = \frac{1}{k^2-1}\left\{\frac{k}{\sqrt{k^2-1}}\ln(k+\sqrt{k^2-1})-1\right\} \tag{10-7}$$

で与えられる．円柱状試料や角棒状試料を長手方向に磁化したときの平均的な反磁場係数はこれに近い寸法比をもつ回転楕円体で概略値を推定すればよい．また，x, y, z 方向に磁化したときの反磁場係数を D_x, D_y, D_z とすると

$$D_x + D_y + D_z = 1 \quad (=4\pi \text{ cgs 単位系}) \tag{10-8}$$

という関係式が成り立ち，また無限に長い方向では $D=0$ となるので，簡単な形状の試料の各方向の反磁場係数は以下のようになる．

(ⅰ)　球状：$D_x=D_y=D_z=1/3$
(ⅱ)　長い円柱：$D_x=D_y\approx 1/2$　$D_z\approx 0$（長手方向を z とする）
(ⅲ)　板：$D_x=D_y\approx 0$　$D_z\approx 1$（厚さ方向を z とする）
この様子を図 10-7 に示す．

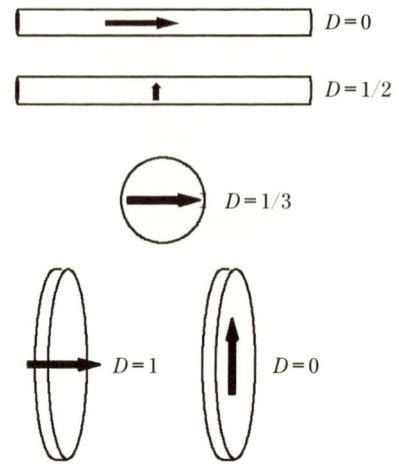

図 10-7　主要な形状の試料の反磁場係数（矢印は磁化方向）

(2) 有効磁場

外部から磁場 H_a をかけたとき，磁性体内部にはたらく磁場（有効磁場（effective field）H_{eff} は

$$H_{eff}=H_a+H_D=H_a-D\frac{I}{\mu_0} \tag{10-9}$$

となる．したがって，強磁性材料の磁化曲線あるいはヒステリシス曲線を実験で求めるときは，(ⅰ)$D\approx 0$ と見なせる十分細長い試料を用いるか，(ⅱ)反磁場係数がわかっている，たとえば球状試料を使い，反磁場の補正を施し，有効磁場に対する磁化の変化を求めねばならない．図 10-8 に補正前，補正後のヒステリシス曲線を示す．

(3) 磁性材料に与える反磁場の影響
(ⅰ)　軟磁性材料

ごく小さい H_c をもつ軟磁石は，わずかの H_{eff} で飽和するので

10.5 強磁性体を使用するに当たって留意すべきこと

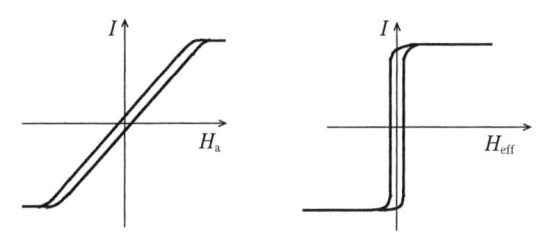

図10-8 反磁場補正前(左),補正後(右)のヒステリシス曲線

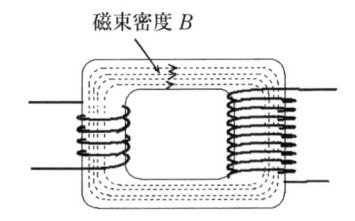

図10-9 トランスの構造(磁束が内部で環流し表面に磁極が生じない.したがって反磁場の影響をまぬがれる)

$$H_{\mathrm{eff}} = H_{\mathrm{a}} - D\frac{I}{\mu_0} \approx 0$$

と見なしてよく,したがって

$$I \approx \frac{\mu_0}{D} H_{\mathrm{a}} \left(\text{ただし } H_{\mathrm{a}} < \frac{DI_{\mathrm{s}}}{\mu_0} \text{ の範囲で} \right) \tag{10-10}$$

すなわち,磁化の値は飽和に達するまでは反磁場係数のみによって決まる.たとえば,球状鉄を飽和させるには,磁化容易方向であっても,$I_{\mathrm{s}}=2.15\,\mathrm{Wb/m^2}$ なので

$$H_{\mathrm{a}} = \frac{1}{3}\frac{2.15}{\mu_0} \approx 5.7 \times 10^5 \,\mathrm{A/m} \approx 7000\,\mathrm{Oe}$$

の磁場が必要.したがって,軟磁性材料を有効に使用するには,反磁場係数が小さい形状,方向を選ぶ必要がある.このため,できるだけ長い棒状または板状がよいが,図10-9のように環状に閉じた磁心にコイルを巻いて使用すると無限に長い棒に相当し反磁場の影響をまぬがれる.

(ⅱ) **永久磁石**

永久磁石としての性質は残留磁化 I_{r} によるが,$D \neq 0$ の場合,反磁場により自分自身の磁化を減少させる(減磁力).実現する残留磁化 I_{r} は(10-9)式で $H_{\mathrm{a}}=0$ として求まる有効磁場 H_{eff} に対応する磁化となる.具体的には図10-10に示すようにヒステ

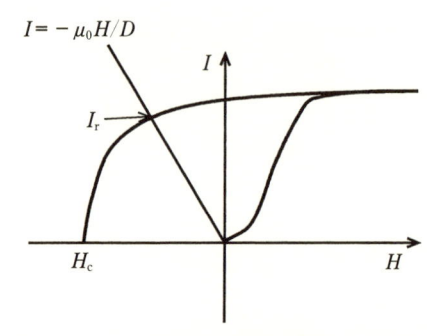

図 10-10 永久磁石の磁化曲線と永久磁化

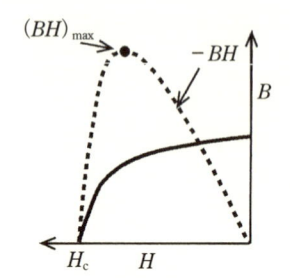

図 10-11 減磁曲線と B-H 曲線

リシス曲線上で，直線 $I=-\mu_0 H/D$ との交点で与えられる．そのため I_r だけでなく，H_c が十分大きな材料を使う必要がある．

永久磁石としての性能は，図 10-11 に示すように B-H ヒステリシス曲線で B と H の積の最大値 $(BH)_\text{max}$ で評価される．これはその永久磁石が保持できる最大の静磁エネルギーで，これを有効に使うには反磁場が $(BH)_\text{max}$ を与えるような形状で使う必要がある．B-H 曲線の第 2 象限を特に減磁曲線とよび，永久磁石を用いる機器の設計に必要である．

(iii) 単磁区粒子の形状磁気異方性

体積 v，反磁場係数 D の単磁区粒子の静磁エネルギーは (9-1) 式より

$$U_\text{M} = \frac{1}{2\mu_0} D I_\text{s}^2 v \tag{10-11}$$

で与えられる．粒子が球状でない場合，磁化方向が反磁場係数が最小になる方向に向いたとき U_M は最小になる．すなわち，その方向に 1 軸異方性が生じる．

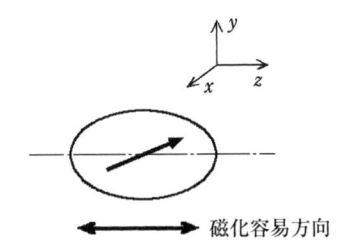

10.5 強磁性体を使用するに当たって留意すべきこと

図10-12 回転楕円体単磁区磁石の1軸異方性

図10-12のようなラグビー球状試料についてその大きさを見積もると，長さ方向の反磁場係数をd，直径方向のそれをDとすると$(D>d)$，$H_\mathrm{c}\approx(D-d)I_\mathrm{s}/\mu_0$の異方性磁場，したがって保磁力が生じる．十分細長い鉄微粒子の保持力を見積もると，$D=1/2$, $d=0$, $I_\mathrm{s}=2.15\,\mathrm{Wb/m^2}$ より，$H_\mathrm{c}\approx 8\times 10^5\,\mathrm{A/m}\approx 10000\,\mathrm{Oe}$となる．ただし，以上の計算は孤立した単磁区粒子について行ったものであり，互いに接触した多粒子系ではこの値より大幅にH_cは減少する．

(iv) 薄膜強磁性の形状磁気異方性

薄膜強磁性体では膜面内の反磁場係数は$D\approx 0$，面に垂直方向では$D\approx 1$なので(10-11)式より，当然磁化は面内にある方がエネルギーが低い．最近，高密度磁気記録のため垂直磁化膜が求められているが，形状磁気異方性に打ち勝つ垂直磁気異方性を導入するためいろいろな工夫が必要となる[51]．

10.5.2 磁気回路

強磁性体を使う目的の最も基本的なものは空間に磁場をつくり出すことである．永久磁石はそれ自身周りに磁場を発生するが，電気機器に組み込んで使うときは単独で使うことは少なく，軟磁性材料と組み合わせて使うことが多い．このとき，磁気回路の概念を知っておく必要がある．図10-13に電気回路と比較して磁気回路の概念図を示す．また，表10-1にこれらに係わる諸量と関係式を対比して示す．

表10-1から電気回路と磁気回路は起電力Vの代わりに起磁力ni，電流Iの代わりに総磁束流$\varPhi$，抵抗の代わりに磁気抵抗$l/\mu S$を使うことにより，相似の式が成り立つことがわかる．ただし，以下の点で相違がある．

電気回路の場合真空（空気）の伝導率は0と考えてよいので，電流は回路外部に漏れることはない．当然，回路が途中で切れていると電流は流れない．磁気回路の場合，真空の透磁率は磁気回路の透磁率に比べて無視できない大きさなので外部に磁束

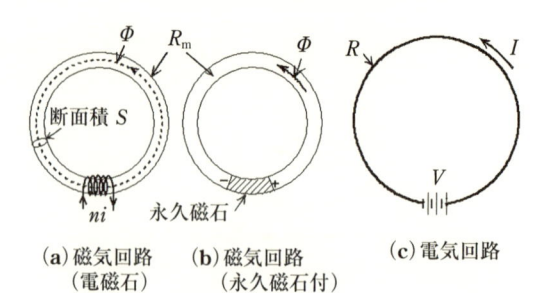

(a) 磁気回路
(電磁石)   **(b)** 磁気回路
(永久磁石付)   **(c)** 電気回路

図 10-13 (a), (b) 磁気回路と(c) 電気回路 (リング (ヨーク) は軟磁性体. (a) n 回巻きコイルを流れる電流 i が起磁力 ni を生じる, (b) 永久磁石 (斜線部分) が起磁力となる, (c) 電気回路 (参考))

表 10-1 磁気回路と電気回路の対比 (l は回路長, S は断面積)

磁気回路		電気回路	
起磁力	$V_m = ni$	起電力	V
磁束	$\Phi (= BS)$	電流	I
磁束密度	B	電流密度	i
透磁率	μ	導電率	σ
磁気抵抗	$R_m = \dfrac{l}{\mu S}$	電気抵抗	$R = \dfrac{l}{\sigma S}$
オームの法則	$V_m = R_m \Phi$	オームの法則	$V = RI$
アンペールの周回定理	$\oint H dl = ni$	キルヒホッフの法則	$\oint E dl = V$
同上 異なった磁気抵抗 R_m^i, 電気抵抗 R_i が直列につながった場合			
$\displaystyle\sum_{i(\text{閉じた回路})} H^i l^i = \Phi \sum_i R_m^i = ni$		$\displaystyle\sum_{i(\text{閉じた回路})} E^i l^i = I \sum_i R_i = V$	

が漏れる. $\mu \gg \mu_0$ の場合のみ磁束の漏れは無視できる. また, 回路が一部とぎれていても (ギャップがある場合) 磁束は流れるのでギャップが小さければ上式は適応できる. 以下にこの式を適用した例を示すが, いずれも磁束を導く部分 (ヨーク) の軟磁性材料の透磁率を $\mu \gg \mu_0$ と仮定し, 磁束は漏れないとして計算する. 実際には透磁率は磁場に対して非線形で, 特に磁束密度が飽和値に近づくと $\mu/\mu_0 \approx 1$ となり磁束の漏れは著しくなる.

例 1：断面積が等しい永久磁石・ヨークを使う磁気回路 (図 10-14)

図 10-11 で与えられる減磁曲線をもつ永久磁石を使い, 間隔 l のギャップに H_g の磁場を発生させるために必要な永久磁石の長さ L を求める. 断面積が等しいので磁

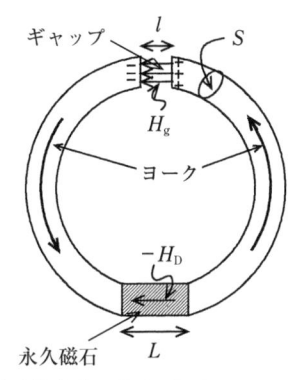

10.5 強磁性体を使用するに当たって留意すべきこと

図 10-14 同じ断面積 (S) の永久磁石・ヨークを使った磁気回路

束密度 B は回路の中で一定である．磁束連続の要請により $H_g=B/\mu_0$，B は永久磁石の磁束密度に等しいので，減磁曲線図 10-11 において，$B=\mu_0 H_g$ を与える反磁場 $-H_D$ が永久磁石に働く必要がある．ヨーク部の透磁率が十分大きいとするとこの部分の磁気抵抗は 0 と見なせるので，ヨーク部の磁場は $H_y=B/\mu \approx 0$ と無視できる．また，コイルによる起磁力はないので $ni=0$．周回定理より $H_g l - H_D L=0$，したがって $L=(H_g/H_D)l$ にすればよい．

例 2：磁束を絞り込む

例 1 ではギャップの磁束密度と永久磁石の残留磁束が等しく，当然得られる磁束密度は永久磁石の飽和磁化を超えることはできない．したがってフェライト磁石のような飽和磁化が小さい永久磁石を用いるとあまり大きな磁場が得られない．そこで，総磁束が一定という性質を利用し，図 10-15 に示すように永久磁石部の断面積 S_m をギャップ部の断面積 S_g より大きくしてやると，磁束を絞り込むことが可能で，$\mu_0 H_g S_g = B S_m$ で与えられる大きな磁場をつくることができる．一方周回定理により $l H_g - L H_D = 0$ の関係があり，H_D として図 10-11 の $(BH)_{max}$ を与える磁場を与えるよう，S_m と L を決めてやると，この永久磁石のもつ静磁エネルギーを最大限引き出すことができる．いいかえれば必要とする永久磁石の量が最小となる．

ただし，以上の議論は，（ⅰ）ヨークの透磁率を無限大と仮定している，（ⅱ）接合部の磁気抵抗を無視している，（ⅲ）ヨークの磁気飽和を無視しているなど，いわば理想的な磁気回路についていえることであり，実際には磁束漏れがあり，特に飽和に近づくと透磁率も小さくなり磁束漏れは著しくなるはずで，より正確な定量的解析はマクスウェル方程式に立ち返り有限要素法などの手法でコンピュータシミュレーションに

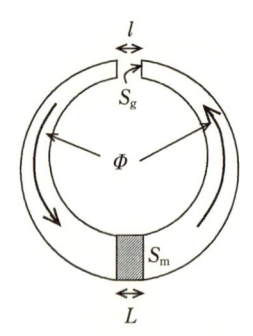

図 10-15 磁束線を絞り込み大きな磁場を得る磁気回路

よらねばならない．なお，ギャップに生じる磁場はヨーク材料の飽和磁束密度を超えることはできないので，純鉄を使う場合は最大 2.15 T までの磁場（磁束密度）しか得られない．絞り込んだ部分（ポールピース）にパーメンジュールなど高飽和磁化材料を使うと最大 2.45 T までの磁場が得られる．これ以上の磁場を得るには直接空心コイルを使うか，超伝導磁石が必要となる．

10.5.3 渦電流損失

軟磁性材料はトランスなど交流で磁化することが多い．金属強磁性体の場合，渦電流が発生し，磁場が内部に進入しにくくなる．その結果有効透磁率が下がり特性が低下する．また，渦電流により熱エネルギーが発生し，エネルギー損失が生じる．これらの性質は，トランスとして使用する場合好ましくないことであり，渦電流損失はできるだけ小さくする必要がある．渦電流損失は，試料の形，透磁率 μ，抵抗率 ρ に依存するが，図 10-16 に示すような，十分長い（反磁場効果を考える必要がない）半径 R の円柱状試料を長さ方向に磁化したときの，単位時間単位長さ当たりのエネルギー損失は

$$W = \frac{R^2}{8\rho}\left(\frac{dB}{dt}\right)^2 = \frac{R^2\mu^2}{8\rho}\left(\frac{dH}{dt}\right)^2 \qquad (10\text{-}12)$$

で与えられる[52]．ただし，この式は試料全体の磁化が一様に変化すると仮定した場合についてのもので，実際には磁壁移動により磁化変化が生じるので磁壁周辺に局在して渦電流が生じ全体のエネルギー損も (10-12) 式で与えられる値より大きくなる．またこの式より，渦電流損失を少なくするには，(ⅰ) できるだけ抵抗率の大きい材料を使う，(ⅱ) 磁化方向に垂直な面の面積を小さくする，ことが必要になる．実際のト

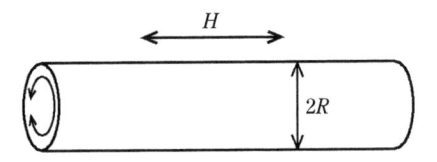

図 10-16 円柱状試料中の渦電流

ランスでは，薄板状の磁心を，互いに電気的に絶縁し重ねて使用する．

また，交流で磁化する場合，$B=B_0 \sin \omega t$ なので，エネルギー損失は周波数の2乗に比例して増加する．したがって，高周波で使用するときは絶縁体であるフェライト磁石が使用される．逆に，渦電流により発生するエネルギーは強磁性体の場合，透磁率が大きい分，非磁性金属よりも大きく電磁加熱器に使用される．このとき，キュリー温度以上では透磁率が急激に低下するので，適当なキュリー点をもつ金属磁性体を発熱体に使えば，温度の自動調節ができる．

● **磁気インピーダンス(MI)センサー**

渦電流損失と類似の現象に表皮効果がある．これは，導線を流れる交流電流が自身の内部につくる振動磁場により導線の外部に押しやられ，周波数が高いと電流が表面付近のみを流れるという現象である．実効的に電流が流れる厚さを表皮厚さ (skin depth) とよび，導出はやや面倒だが電磁気学により

$$\delta = \sqrt{\frac{2\rho}{\omega\mu}} \qquad (10\text{-}13)$$

で与えられている[53]．ここで，ρ は抵抗率，μ は透磁率，ω は角振動数である．通常の銅線の場合，μ は真空の透磁率 μ_0 を使えばいいが，導線が強磁性体の場合は当然その材料の透磁率となるので透磁率の大きい軟磁性体では表皮厚は非常に小さくなり交流抵抗値（インピーダンス）がきわめて大きくなる．

ここで面白いのは，外部から強磁性導線に平行に静磁場をかけると，容易に磁気飽和し透磁率が減少しその結果インピーダンスが大きく減少することである．導線の半径を a，直流抵抗値を R_{DC} とすると，電流が表皮厚さ $\delta(\ll a)$ の部分だけを一様に流れるとしてそのインピーダンスを概算すると，簡単な計算により

$$|Z| \approx \frac{a}{2} R_{\text{DC}} \sqrt{\frac{\omega\mu(H)}{2\rho}} \qquad (10\text{-}14)$$

となり磁場に依存する[54]．この現象を利用しかなり高感度な磁場検出素子がつくられており MI センサーとして市販されている．

10.5.4 磁気余効

強磁性体にかける磁場を変化させたとき，磁化の変化は時間遅れ成分がある．この現象を磁気余効とよぶ．$t=0$ で一定磁場をかけたとき，誘起される磁化は

$$I(t)=I_\infty\{1-\exp(-t/\tau)\}$$

で与えられる．ここで，I_∞ は平衡に達したときの磁化の値，τ を緩和時間とよぶ．交流磁場をかけたときは，周波数 $\nu=1/\tau$ 付近でエネルギーロスが生じる．軟磁石材料にとってはヒステリシスロス，永久磁石の場合は減磁の原因となるので好ましくない現象である．

原因のひとつとして，磁壁が，試料中を容易に拡散する不純物（鉄中の C，N など）を引きずって運動することが考えられ，拡散の研究に利用される[55]．

演習問題 10

10-1　アンペールの周回定理 $\oint Hdl=ni=V_\mathrm{m}$ により，透磁率 μ，断面積一定 (S)，回周路長 l のリングの磁気抵抗は $R_\mathrm{m}=l/\mu S$ で与えられることを示せ．

11. 磁性の応用と磁性材料

　序論に記したように磁性体はたいへん応用範囲が広く，現代生活を支える重要な材料のひとつである．また前章で述べたように，磁性材料は大別すると，わずかの磁場で大きな磁化を生じる，すなわち透磁率の大きい軟磁性材料と，いわゆる永久磁石材料（硬磁性材料）の2つがあり両者に要求される特性（ヒステリシス曲線）は全く異なっている．また磁気記録材料など独自の特性が要求される場合もあり，本章では各論的に代表的な磁性材料とその応用例を紹介する．

11.1　軟磁性材料

　まず主な軟磁性材料（soft magnetic materials）とその性質および用途を述べる．

●用　途
　変圧器，発電器，モーターの磁心，各種電磁石，磁気記録装置の磁気ヘッド，磁気シールドなど．

●要求される性質
　（1）　高い透磁率．そのためには，（ i ）H_c が小さい（異方性，磁歪が小さい），（ii）飽和磁化が大きい．
　（2）　比抵抗が大きい（交流で使用するとき）．その他，一般的な要請として，適当な機械的性質，安定性（経時変化しない），耐腐食性，耐熱性，経済性など．

●主な軟磁性材料
　（1）　**純鉄**：純度が高いほど高透磁率．電磁石など一般的に使用されている．純度が高いほど高価になる．
　（2）　**ケイ素鋼板**：Fe-Si 合金はケイ素濃度とともに異方性定数，磁歪が減少する．飽和磁化も減少するが，数%Si を入れるとそれほど飽和磁化の値を落とさず高透磁率が実現する．

表 11-1 主な軟磁性材料(参考書[9]より引用)($\bar{\mu}_i$：比初期透磁率，$\bar{\mu}_{max}$：比最大透磁率．いずれも図 10-4 参照)

材料	成分(wt%) Fe 以外	$\bar{\mu}_i$	$\bar{\mu}_{max}$	保磁力 H_c		飽和磁化 I_s		T_c	比抵抗	密度
				A/m	Oe	Wb/m²	G	°C	nΩm	g/cc
鉄	0.2 不純物	150	5000	80	1.0	2.15	1710	770	100	7.88
純鉄	0.05 不純物	10000	200000	4	0.05	2.15	1710	770	100	7.88
ケイ素鉄 (無方向)	4 Si	500	7000	40	0.5	1.97	1570	690	600	7.65
ケイ素鉄 (一方向)	3 Si	1500	40000	8	0.1	2.0	1590	740	470	7.67
78 パーマロイ	78.5 Ni	8000	100000	4	0.05	1.08	860	600	160	8.6
スーパーマロイ	5 Mo 79 Ni	100000	1000000	0.16	0.002	0.79	629	400	600	8.77
パーメンジュール	50 Co	800	5000	160	2.0	2.45	1950	980	70	8.3
FeB アモルファス	8 B 6 C	680		8.0	0.10	1.73	1380	334	1300	
Co-Nb-Zr アモルファス		3000					700		1200	
センダスト粉	5 Al 10 Si	80		100	1.25	0.45	360	500		
Mn-Zn フェライト	50 Mn 50 Zn	2000		8	0.1	0.25	200	110	20	Ωm
Ni-Zn フェライト	30 Ni 70 Zn	80		240	3	0.40	320	130	50000	Ωm

（3）**方向性ケイ素鋼板**：冷間圧延後，再結晶させると，圧延方向が[100]方向（磁化容易方向）に配向し，その方向を磁化方向にして使用するとさらに高い透磁率が得られる．（2），（3）とも飽和磁化が大きく比較的安価なので，電力用変圧器に使用されている．

（4）**パーマロイ，スーパーマロイ**（Fe-Ni 合金をベースとする）：Fe-Ni 合金は異方性定数(K_1)，磁歪定数が付号を変え，80%Ni 付近で共に 0 に近づく．したがって磁壁エネルギーが小さく H_c が小さい．特徴として，最小の H_c，最大の透磁率をもつ．ただし，飽和磁化の値は小さい．加工が容易である．対摩耗性が低い．Ni を多く含むので高価である．高級トランス，磁気シールドなどに使われる．

（5）**パーメンジュール**：飽和磁化が最大である．高磁束密度が要求される電磁石

材料に使われる．Coを含むので高価．

（6） アモルファス：原理的に磁気異方性がない（実際には製造プロセスによるわずかな異方性はある）．したがって，磁歪の小さい材料を探せば低 H_c，高透磁率材料が期待できる．比較的飽和磁化が大きい．抵抗率も比較的大きい．熱的安定性，製造コスト面に問題がある．最近はこれらの問題もかなり克服され，トランスの鉄心，磁気ヘッド材料として使われている．また，アモルファス材に適当な熱処理を施し微細結晶粒合金にすることにより，高性能な軟磁性材料が開発されている．

（7） センダスト（Fe-Al-Si合金）：Fe-Al-Si合金はこの組成付近（5 Al 10 Si）で特異的に透磁率が上昇する．比較的磁化が大きい．硬度が高く加工性が悪い．粉末冶金法で加工する．最近はスパッター法などで作製し薄膜状磁気ヘッド材料として使われている．

（8） **Mn-Zn，Ni-Zn** フェライト：フェライトの中では，最大の飽和磁化，最小の磁気異方性，磁歪を示す．絶縁体なので高周波で使用できる．高周波トランス，磁気ヘッド（単結晶が使用されている）などに使用される．

11.2 永久磁石材料

次に主な永久磁石材料とその性質および用途を述べる．

表11-2 主な永久磁石材料（参考書[9]より引用）

分類	材料	成分（wt%）鉄合金はFe以外	B_r Wb/m²	H_c A/m $\times 10^2$	H_c Oe	$1/2(BH)_{max}$ J/m³ $\times 10^3$	$1/2(BH)_{max}$ G・Oe $\times 10^6$	密度 g/cc	T_c °C
鋼	炭素鋼	0.9 C 1 Mn	1.0	40	50	0.8	0.2	7.8	770
析出型	Alnico	14 Ni 24 Co 8 Al 3 Cu	1.2	438	550	20	5.0	7.3	850
析出型	Fe-Cr-Co	28 Cr 23 Co 1 Si	1.3	464	580	21	5.3		850
白金合金	Pt-Fe	78 Pt	0.58	1250	1570	12	3.0	10	
白金合金	Pt-Co	23 Co 77 Pt	0.45	2070	2600	15	3.8	11	
フェライト磁石		BaO・6 Fe₂O₃	0.4	1600	2000	13	3	5.3	470
フェライト磁石		SrO・6 Fe₂O₃	0.4	2500	3100	17	4	5	480
希土類磁石	サマリウム磁石	$Sm_2Co_{17}+X$	1.1	8000	10000	100	26		850
希土類磁石	ネオジウム磁石	$Nd_2Fe_{14}B$	1.2	9500	12000	180	45		310

11. 磁性の応用と磁性材料

●用 途
小型モーター固定子，スピーカー，ヘッドフォン，電流，電圧計，MRI (Magnetic Resonance Imaging 核磁気共鳴画像法)，各種駆動装置，ドア固定磁石，マグネットクリップ．

●要求される性質
（1） 高 H_c，高残留磁化，$(BH)_{max}$ 大，そのため，磁気異方性，磁歪，大．
（2） 適当な機械的性質．
（3） 安定性（経時変化しない），耐腐食性，耐熱性．

●主な硬磁性材料
（1） **鋼**：安価であるが H_c が低い．炭素などの析出粒子による磁壁移動障害．最近は教材用磁石などに使われるくらい．

（2） **アルニコ磁石**（Fe-Al-Ni-Co）：飽和磁化が大きく，キュリー温度が高い．析出強磁性相が単磁区粒子となり比較的大きな H_c をもつ．さらに，磁場中で析出処理をすることにより配向性析出が可能．加工性はよくない（主に鋳造加工）．Co を含むので高価．最近では特殊な用途にしか使われなくなった．

（2′） **Fe-Cr-Co 磁石**：アルニコ磁石と同じ原理．特徴もほぼ同じだが，冷間加工が可能．

（3） **フェライト磁石**：単磁区磁石（微粒子を固めたもの）．H_c が大きいがフェリ磁性体なので飽和磁化は小さい．安価なので通常の目的にはほとんどこの磁石が使われている．粉末冶金で加工整形する．

（4） **希土類磁石**：希土類元素の軌道角運動量による大きな異方性・磁歪と，強い交換相互作用（したがって高いキュリー温度）をもつ Fe，Co を金属間化合物として組み合わせた材料．極めて高い保磁力を示す．飽和磁化も比較的大きいので $(BH)_{max}$ が非常に大きい．

SmCo$_5$ 系：希土類磁石として最初に開発された．Cu などを混ぜ析出粒子を単磁区とする．キュリー温度が高い．

ネオジウム磁石：$Nd_2Fe_{14}B$ 金属間化合物を主成分とする．突出した $(BH)_{max}$ を示す．したがって，小さくても強い磁場をつくることができるので従来型の磁石より小型化できる．高 H_c の原因は磁壁の核生成が困難であるためといわれている (10.4.3節参照)．比較的安価な元素を主成分とする．用途としては，超小型モーター，ヘッドホン，各種駆動装置，MRI などで，最近広く使われつつある．欠点としては，(i)キュリー温度が低いので温度が上がる所では使えない，(ii)酸化，腐食に

弱く適当な表面処理を施す必要がある，などがあげられる．

11.3 磁気記録材料

　磁気記録はテープレコーダから始まり，コンピューターの大容量記録媒体としてのフロッピーディスク，ハードディスクとしても使われ，それを使用するデバイスとも関わり進歩の著しい分野である．また半導体メモリーや書き込み可能のCDやDVDとも競合し，時代とともに主役となる記録方式も変わっていく．ここではまずそのプロトタイプであるテープレコーダの原理を説明し材料として望ましい特性を考える．

11.3.1 テープレコーダの作動原理

　オーディオ信号録音再生用テープレコーダの原理を図11-1に，磁気テープの断面（磁性層概念図）を図11-2に示す．ディジタル信号記録用のフロッピーディスクはテープの代わりに円盤状の記録媒体を使い，回転により同心円上に記録する．

　録音の原理は音声信号に応じた電流によって軟磁性材料の磁気ヘッドが磁化され，

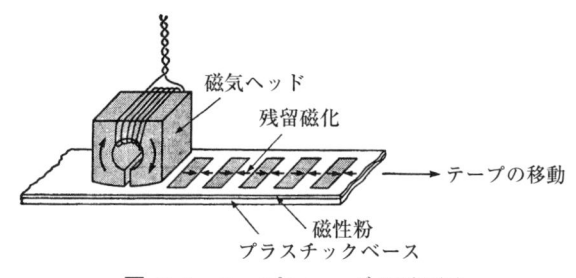

図11-1 テープレコーダの原理図

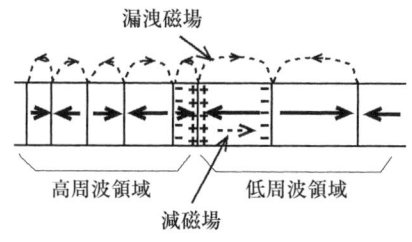

図11-2 磁気テープの断面

狭いギャップから漏れる磁場が一定速度で動くプラスチックテープに塗られた磁気記憶媒体を着磁する．オーディオ信号は交流なのでテープ媒体に残る磁化方向は図11-2のように，交互に変化する．このとき方向の異なる磁化の境界には磁極が生じ，反磁場に相当する減磁力が働く．その強さは反磁場と同じく，領域が狭いほど強くなる．そのため，磁気記録材料には減磁場により消磁されないように保磁力が必要であり，より高い周波数まで録音するには（ディジタル信号の場合はより記録密度を高めるには），より大きな保磁力が必要となる．ただし，あまり保磁力が大きいと磁気ヘッドが発生し得る磁場では着磁（書き込み）することが難しくなり，適当な大きさの保磁力が必要とされる．また，微小な信号から大きな信号まで記録する（信号/雑音比を向上する）にはできるだけ残留磁化の大きい材料が望ましい．

一方，再生（読み取り）時は記録領域の磁極から発生する磁場を録音用と同じ磁気ヘッド（高級機では専用のヘッドを使うこともある）に導きコイルに発生する誘導起電力を増幅する．

最も一般的な記録媒体は微粉末 $\gamma\text{-}Fe_2O_3$ である．H_c を高める工夫として，形状磁気異方性（8.1.6(3)参照）を稼ぐため，テープ進行方向に配向させた針状結晶を使用する．また，磁気異方性が大きい Co を混ぜたり，表面に付着させることもある．なお，フェリ磁性体である $\gamma\text{-}Fe_2O_3$ は残留磁化が小さいのが欠点で，種々の金属（合金）テープが開発されている．表11-3に主な磁気記録材料を挙げておく．

11.3.2 ハードディスク

通常の磁気記録方式は磁気ヘッドと記録媒体が接触しながら高速に移動するので摩滅や損耗のため磁気ヘッドをあまり小型化することができない．ハードディスクは磁気ヘッドと記録媒体の間に空気流により，きわめて微小な（μm 以下）空隙が生じ，

表11-3 主な磁気記録材料（参考書[9]より引用）

媒 体	飽和磁化 I_s		保磁力 H_c	
	Wb/m²	G	kA/m	Oe
$\gamma\text{-}Fe_2O_3$	0.1	80	20-31	250- 390
Co 含有 $\gamma\text{-}Fe_2O_3$	0.1	80	20-80	250-1000
CrO_2	0.15	120	16-64	200- 800
Fe-Co 粉末	0.3	240	20-72	250- 900
Co-Ni 薄膜	1.0	800	8-80	100-1000
Gd-Co 薄膜	0.1	80		

非接触に保ち書き込み読みとりを行う．そのため薄膜材料を使った微小な磁気ヘッドにより高密度の記録が可能となる．ディスク表面は鏡面に保ちヘッドの損傷を防止する潤滑剤の塗布などの処理が行われる．

11.3.3 磁気ヘッド

上に述べたように，磁気記録装置は記憶媒体と磁気ヘッドを一体として考える必要がある．磁気ヘッドは基本的には軟磁性材料であり，（ⅰ）透磁率が大きいことが第一条件となるが，それ以外に，（ⅱ）ギャップにより強い磁場を発生させるために磁化が大きいこと，（ⅲ）高い周波数の交流で使用するので電気抵抗率が大きいこと，（ⅳ）接触型のヘッドでは耐摩耗性が大きいこと，（ⅴ）微細加工が必要なので加工性がよいこと，などが要求され，以下のような材料が使われている．

パーマロイ：（ⅰ）最高．（ⅱ），（ⅲ），（ⅳ）が劣る．普及型オーディオ用．
フェライト：（ⅲ）最高．（ⅱ）が劣る．オーディオ用，ビデオ用．
センダスト：（ⅱ）最高．（ⅴ）が劣る．薄膜ヘッドとして使用（ハードディスク，8 mmビデオ，PCM録音機．
アモルファス：（ⅱ）最高．（ⅲ）良．ビデオ用．

実際には，これらの材料を組み合わせて使う場合が多い．また，最近では，ディスクが高密度小型化するに従い，誘導起電力法で記録された磁化を読み取るのが困難になり，磁気抵抗効果を利用するなど別の磁場検出方法の利用が開発されている．これについては次章（12章，磁気の応用）で述べる．

12. 磁気の応用

前章では強磁性材料そのものの性質と応用分野について述べたが，本章では強磁性体の磁化に伴い電気的性質や光学的性質が変化する，いわゆる磁化の付随現象とその応用についていくつかの例を紹介する．

12.1 磁化変化に伴う電気抵抗変化

磁気記録装置の高密度化に伴い，記録媒体から生じるわずかな磁場の変化を検出する通常の磁気ヘッドによる読みとりが限界に達しており，磁場そのものを検出する手段として磁化変化に伴う電気抵抗変化を検出する方法が開発されている．

12.1.1 通常の磁気抵抗効果

強磁性体の電気抵抗率は磁化に伴い変化し，その値は磁化方向と電流方向のなす角に依存する．電流を反転しても抵抗率は同じになるので，対称性からその角度依存性は磁歪定数についての(8-8)式と同型になり，のび観測方向を電流方向に，$\Delta l/l \to \Delta \rho/\rho$，磁歪定数を磁気抵抗率定数 $\lambda_{100} \to \Delta\rho_{100}/\rho$，$\lambda_{111} \to \Delta\rho_{111}/\rho$ に，多結晶試料については(8-9)式において，$\lambda_s \to \Delta\rho$ と読み替えればよい．図12-1にNiの磁気抵抗効果を示すが磁壁移動による磁化の増加に伴い磁場方向とそれに垂直の方向で逆符号に電気抵抗率が変化する．原因はスピン軌道相互作用により誘起された軌道角運動量成分が伝導電子と相互作用するためといわれているが定量的見積もりは難しい．変化率は％オーダーで比較的小さいが，パーマロイなどの低保磁力材料を使うことにより微小磁場変化の検出に利用できる．

12.1.2 巨大磁気抵抗効果(GMR)

$(Fe/Cr)_n$，$(Cu/Co)_n$ などの強磁性金属と非強磁性金属の多層膜（「人工格子入門」[15] 参照）の電気抵抗値は強磁性膜の磁化が平行の場合と反平行の場合で大きく

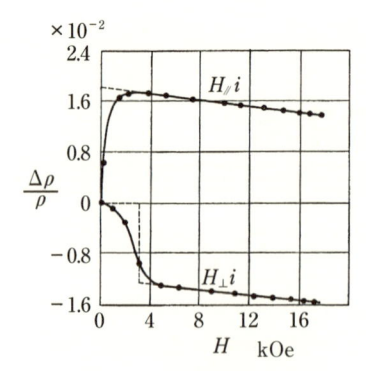

図 12-1 Ni の磁気抵抗効果

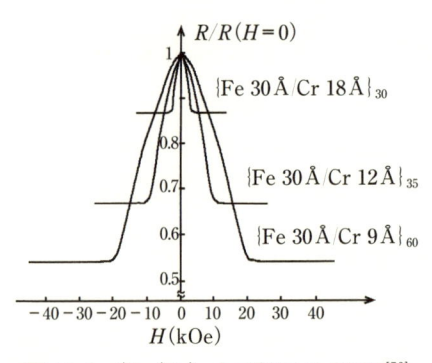

図 12-2 (Fe/Cr)$_n$ 人工格子の GMR[56]

異なることが見いだされている．図 12-2 はこの現象が最初に発見された Fe/Cr 人工格子の例であるが，外部磁場 0 の場合，Fe 強磁性層は Cr を媒介にして反強磁性的に整列している．磁場をかけると平行になるが，このとき電気抵抗が大きく減少し条件によっては半分近くになる．この現象を巨大磁気抵抗効果 (Giant Magneto-Resistance：GMR) とよび，磁気ヘッド材料として注目を集めている．

図 12-3 に GMR の原理を示す．鉄属遷移金属の場合，電流は主に 4s 伝導バンドの電子により運ばれる．非強磁性金属中では電気伝導はスピン方向に依存しないが，強磁性金属中を流れる場合，↑スピン伝導電子と↓スピン伝導電子の散乱確率が強磁性層の磁化方向によって異なる．図 12-3 ではスピンが同方向の散乱（電気抵抗 r）が逆方向の場合（電気抵抗 R）より十分小さい（$r \ll R$）と仮定している．もし，$H=$

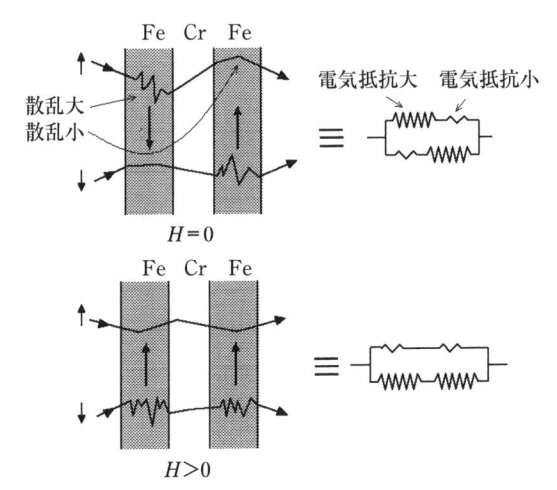

図12-3 GMR発生メカニズムの概念図（左端の小さい矢印は伝導電子のスピン方向，Fe層内の太い矢印は強磁性層のスピン方向を表す）

0のとき，強磁性層の磁化の向きが逆であれば，どちらのスピンの伝導電子もRの領域を通過しなければならないが，磁場をかけることにより強磁性層の磁化方向がそろえば，一方のスピンの伝導電子はrの領域のみ通過する．全電流は2つの成分の並列結合であるから，$H=0$の場合$R_{\uparrow\downarrow}=\dfrac{r+R}{2}\approx\dfrac{R}{2}$，$H>0$の場合，$R_{\uparrow\uparrow}=\dfrac{2rR}{r+R}\approx 2r$．したがって，$R_{\uparrow\downarrow}\gg R_{\uparrow\uparrow}$となる．無磁場の場合，反強磁性結合が生じる原因や，スピン方向に依存する抵抗値の違いの原因などミクロなメカニズムは複雑であるが，磁場をかけることにより電気抵抗が大きく減少することはこのモデルで容易に理解できる．

ただし，Fe/Cr人工格子は強い磁場が必要なので磁気ヘッドなどには使えない．より弱い磁場で大きな抵抗変化のある組み合わせがいろいろ研究されており，すでに実際にハードディスクの読みとりヘッドとして使われている組み合わせもある．一例として実際に磁気ヘッドに使われているスピンバルブ型検出器を紹介しておく．

● スピンバルブ

GMRが生じるためにはその原理からして何も多層膜である必要はなく非強磁性金属膜を強磁性金属膜がはさんだサンドイッチ構造でもよい．図12-4に一例を示すが，この場合一方（下側軟磁性膜A）の強磁性層はガラスやプラスチックの基盤に直接

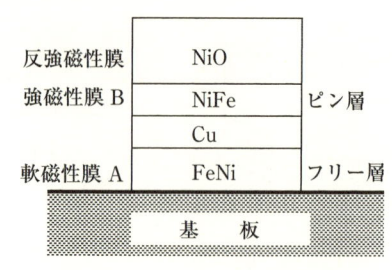

図12-4 スピンバルブの構造

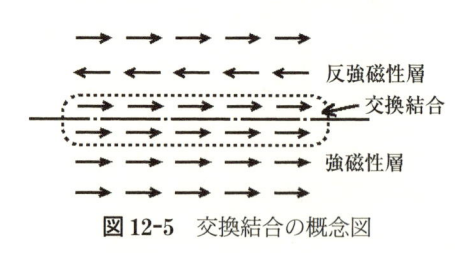

反強磁性膜	NiO	
強磁性膜 B	NiFe	ピン層
	Cu	
軟磁性膜 A	FeNi	フリー層

基　板

図12-5 交換結合の概念図

反強磁性層
交換結合
強磁性層

蒸着されており，その上の非強磁性の Cu をはさみ，もう一方の強磁性薄膜（強磁性膜 B），さらにその上に，反強磁性体である NiO 層が覆っている．軟磁性膜 A はパーマロイを使い微小な磁場で磁化が反転する．一方強磁性膜 B は反強磁性体膜と接しており，図 12-5 に示すように境界原子層のスピン間に交換相互作用が働く．そのため B 層強磁性膜の磁化方向は反強磁性体膜の初期条件で決まる方向に固着する．図 12-6 にスピンバルブの電気抵抗変化と磁化変化を示すが，0 磁場の初期状態では Cu 層をはさんでの弱い反強磁性結合により A，B 強磁性層の磁化は反平行に配列し電気抵抗は大きい．弱い磁場をかけると A 層の磁化が反転し B 層と平行になり電気抵抗は急落する．磁場を元へ戻すと A 層の $-H_c$ で元の状態へ戻り電気抵抗は再び増加する．マイナス方向にさらに強い磁場をかけると B 層の磁化が交換結合による束縛を振り切って反転し，A，B 層の磁化はマイナス方向に平行に配列し電気抵抗は再び減少する．マイナス方向の磁場が減少すると B 層の磁化方向は元の安定な方向に戻る．このとき大きなヒステリシスが生じる．最初のプロセスで生じる弱い磁場での A 層の磁化反転を利用すると微小磁場の検出に使え，実際ハードディスクの磁気ヘッドに利用されている．

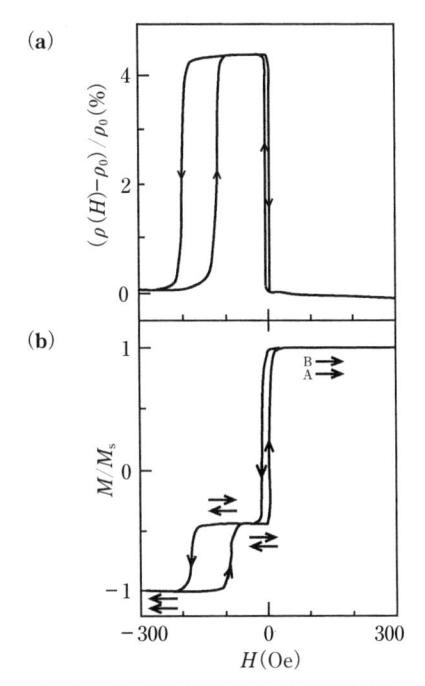

図 12-6 スピンバルブの(a)電気抵抗変化と(b)磁化変化(水平矢印はA層,B層の磁化の方向)

12.1.3 CMR (Colossal MagnetoResistance)

Colossalとは「とんでもなく大きい」といった意味のようだが,磁場によって金属絶縁体転移が誘起される物質のことで,$La_{1-x}Sr_xMnO_3$ ($x=0.175$) といった物質で発見されている.図12-7に室温付近の各温度での電気抵抗率の磁場依存性を示すが,確かに抵抗値が数分の一に減少する.実際の物質に即して説明するのは複雑なので少し問題を単純化してその原理を説明する.分子式からわかるようにこの物質は,LaおよびSrの形式電価はそれぞれ,3+,2+なので,Mn^{3+} と Mn^{4+} が共存している.結晶構造は図12-8に示すような立方晶ペロブスカイトでMnは8面体位置にあり3重縮退した $d\varepsilon$ 軌道が基底状態である.図12-9に電子配置を示すが,ここでは中心原子が3価,その両脇に4価のMnがある場合を示している.Mn^{3+} には4個の電子があるがフント則(2.3.1節参照)に従い,すべて上向きスピンで3個が $d\varepsilon$ 軌

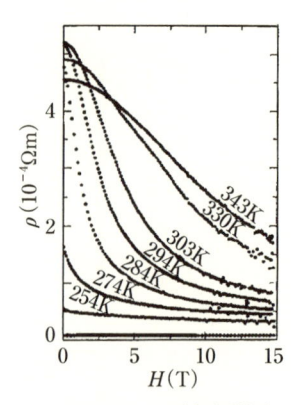

図 12-7　$La_{0.825}Sr_{0.175}MnO_3$ の電気抵抗率の磁場依存性[57]

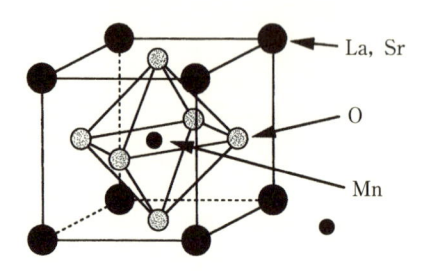

図 12-8　ペロブスカイト構造

道に，1個が $d\gamma$ 軌道に入る．Mn スピン間の超交換相互作用（5.1.1 参照）は負で反強磁性的に働く．さて，問題は Mn^{3+} イオンの $d\gamma$ 軌道に入った余分の電子の振る舞いである．波動関数の重なりが比較的大きく酸素原子を介し，隣の Mn 原子に電子は飛び移ることができ，幅が狭いエネルギーバンドをつくる．このとき，強磁性配列の場合（図 12-9(a)），余分の電子がどのサイトにきてもエネルギーは変わらず自由に行ききでき，金属的な伝導を示す．一方，反強磁性配列の場合（図 12-9(b)），隣の原子スピンは逆方向を向いているのでフント則を満たさず，大きなクーロン反発エネルギーを受け自由に動けない．その様子を図 12-9(d)に示す．簡単のためこのポテンシャル障壁を無限大とすると余分の電子は原子サイズの小さな箱にとじ込められた状態になり，よく知られた箱の中の電子の運動エネルギー $\varepsilon_n = (\hbar^2/2m)(\pi/L)^2 n^2$ で与えられ，L を原子サイズとすれば大きな運動エネルギーをもつことになる．一方，

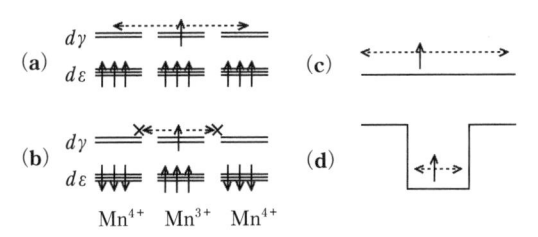

図 12-9 （a），（b）Mn^{4+} と Mn^{3+} が共存する場合の電子配置（（a）は強磁性の場合，（b）は反強磁性の場合）
（c），（d）$d\gamma$ 軌道にある電子の感じるポテンシャル（ポテンシャル障壁は Mn^{4+} 内のフント則の原因になるクーロンエネルギーである）

（c）の場合は L を試料サイズと見なせるので，運動エネルギーは小さい．このように強磁性配列は電子系の運動エネルギーの損を小さくする．このようなメカニズムを二重交換相互作用とよぶ．結局この系では反強磁性的な超交換相互作用と強磁性的な二重交換相互作用が拮抗し金属絶縁体転移を起こす場合がある．このとき磁場をかけると金属的な強磁性状態が安定化し磁場誘起絶縁体→金属転移が起こり得る．ただし図 12-7 に見られるようにこのような転移を起こすにはかなり強い磁場が必要であり磁気ヘッドへの応用には直ちに結びつかないようである．

12.1.4 トンネル磁気抵抗効果

図 12-10 に示すように，金属に薄い絶縁体層をはさんで接触させると量子力学のポテンシャル問題で出てくるトンネル効果で波動関数がしみ出し，電圧をかけるとトンネル電流が流れることはよく知られている．普通は常磁性金属を想定しているが強磁性金属ではさむとトンネル電流が磁化の方向に依存することが予想され，実際にそのような現象が観測されている．これをトンネル磁気抵抗効果（TMR：Tunneling MagnetoResistance）とよび，磁場検出の手段としても使われ始めている．以下にそのメカニズムを説明する．

GMR の場合と同じようにトンネル電流は上向きスピン，下向きスピンの 2 つのチャネルを並列回路として流れる．＋，－スピンチャネルのコンダクタンス（電気伝導度）を各々 $G_\uparrow$，$G_\downarrow$ とすると，全コンダクタンスは $G = G_\uparrow + G_\downarrow$，各チャネルのコンダクタンスは近似的に

$$G_\uparrow = CD_{A\uparrow}(\varepsilon_F)D_{B\uparrow}(\varepsilon_F)T, \qquad G_\downarrow = CD_{A\downarrow}(\varepsilon_F)D_{B\downarrow}(\varepsilon_F)T \tag{12-1}$$

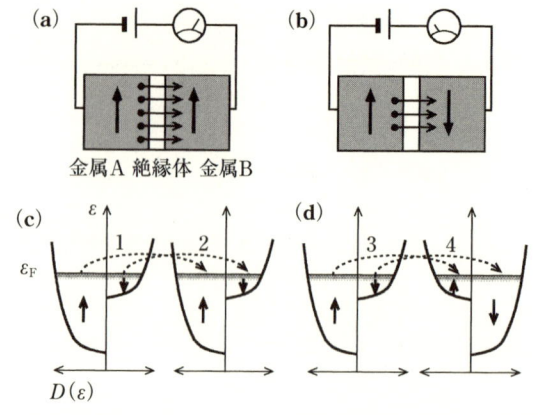

図 12-10 トンネル磁気抵抗効果．((a)，(b)は素子の概念図．灰色部分は強磁性金属中間に絶縁体薄膜をはさんでいる．(a)は磁化平行の場合，(b)は反平行の場合．下図はそのときの各スピン電子の状態密度と電子の移動（点線）を示す．数字は電流チャネルの名前（(12-2)式，$G_1 \sim G_4$ に相当）

と，左右の金属の各スピンバンドのフェルミレベルでの状態密度とトンネル係数 T に比例する．図 12-10(c)，(d)のような状態密度をもった強磁性金属の場合，右端の強磁性金属を除いて，$D_{X\uparrow}(\varepsilon_F) > D_{X\downarrow}(\varepsilon_F)$ であり，磁化が反転した右端の金属のみ逆になっている．簡単のため，A，B が同じ強磁性体であるとし，マジョリティーおよびマイノリティースピンバンドの状態密度をそれぞれ D，d ($D>d$) として，図に示した 4 つの経路の電流の伝導度を比較すると，$G_1(=CD^2T) > G_3(=CDdT) = G_4(=CdDT) > G_2(=Cd^2T)$ という関係になっており，磁化平行，反平行の場合の伝導度をそれぞれ，$G_{\uparrow\uparrow}$，$G_{\uparrow\downarrow}$ とすると

$$G_{\uparrow\uparrow} = G_1 + G_2 = CT(D^2 + d^2), \qquad G_{\uparrow\downarrow} = G_3 + G_4 = 2CTdD. \tag{12-2}$$

したがって，$G_{\uparrow\uparrow} - G_{\uparrow\downarrow} = CT(D-d)^2 > 0$ と磁化平行の場合の伝導度は反平行のそれより大きくなることがわかる．また，一般の場合について，分極率として $P_X = (D_{X\uparrow} - D_{X\downarrow})/(D_{X\uparrow} + D_{X\downarrow})$ ($X=$A or B) を定義すると（ストーナーモデルでの磁化に比例する分極率 ζ とは異なることに注意！），平行，反平行状態の抵抗比は

$$R_{\mathrm{MR}} = \frac{R_{\uparrow\downarrow} - R_{\uparrow\uparrow}}{R_{\uparrow\downarrow}} = \frac{G_{\uparrow\downarrow}^{-1} - G_{\uparrow\uparrow}^{-1}}{G_{\uparrow\downarrow}^{-1}} = \frac{2P_A P_B}{1 + P_A P_B} \tag{12-3}$$

で与えられる[58]．実際の素子では強磁性金属として，Fe や Co など，絶縁体として

Al_2O_3, MgO を用いることにより 100%以上の R_{MR} 値を示す素子が開発されている.

12.2 光磁気ディスク

第9章, 9.5.2節に述べたように膜面に垂直に磁化した強磁性金属に直線偏光した光を当てると反射光の偏光方向が磁化方向に依存してわずかに回転する(カー効果).この現象を利用するディジタル磁気記録(0か1を記録する)を光磁気記録とよび,その原理の概念図を図12-11に示す.

(1) **書き込み**(図12-11(a)):初期状態(0が記録されているとする)で下向きに磁化した垂直磁化膜に上向きのバイアス磁場をかけておき,1を記録する場所に局所的にレーザ光線を照射しキュリー温度近くまで加熱し(異方性が減少する)磁化方向を反転させる.このときレーザ光線の光量を調節することにより反転領域の面積をコントロールできる.

(2) **読みとり**(図12-11(b)):直線偏向したレーザ光線をあて,反射光(磁化方向によりカー回転角が異なる)の偏向方向を解析する.記録密度を決めるのはレーザ光の波長からくる分解能であり,できるだけ波長の短い光を使うことが望まれる.また,記録密度を決めるもう1つの要因である減磁場の影響は室温付近に反転温度をもつ補償型フェリ磁性膜を使うことにより残留磁化が0となり無視できる.いいかえ

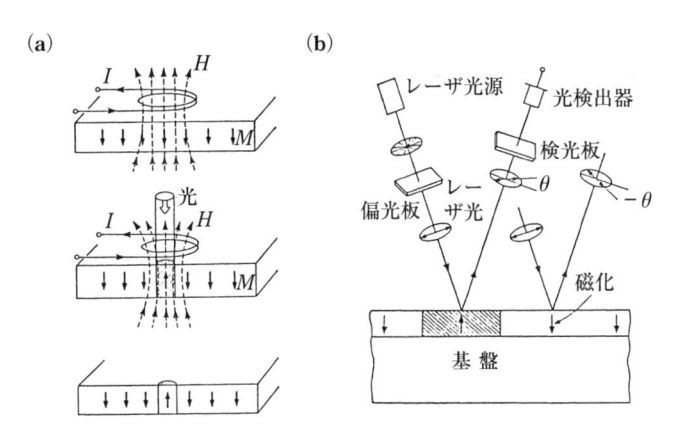

図12-11 光磁気記録の概念図((a)書き込み,(b)読みとり.この図では読みとり時の入反射光の角度を斜めにしてあるが実際には垂直に入射しハーフミラーで反射光を取り出す(図9-11参照))

れば，自発磁化も 0 なので外部磁場と相互作用せず，見かけの保磁力を無限大にすることができるので記録密度の決定要因とはならない．実際には Tb-Fe-Co スパッター合金膜などが使われる．このときカー回転角は遷移金属の Fe，Co の副格子磁化により得られる．

以上はプロトタイプの光磁気記録の原理であり，記録するに際して，磁化方向を下向きに揃えておく（図 12-11(a)の場合）初期化が必要であるが，最近ではオーバーライト可能な方式，多層膜にして記録密度を増やす工夫などがされている[59]．しかし，書き込み・消去可能なデータ CD や DVD にポータブルデータ記録媒体の主役の座を奪われつつある．

12.3 断熱消磁と磁気冷凍

磁性体は角運動量の自由度に伴う大きなエントロピーをもち図 12-12 に示すように温度とともに増大しかつ磁場をかけると減少する．このことを利用して系の冷却に使うことができる．古くから知られているのは図の矢印の過程を利用した断熱消磁による冷却で，極低温まで常磁性の物質を作業物質に用いることにより数 mK の低温が得られる．また実用的な観点から，この過程をサイクリックに繰り返し低温を実現する冷凍機も開発されている．このとき，(4-21)式で与えられるマクスウェル関係式，$\Delta S = \left(\frac{\partial M}{\partial T} \right)_H \Delta H$ より，磁化の温度変化が大きいと大きなエントロピー変化が得られる．したがって強磁性体を作業物質に選ぶことによりキュリー点付近の温度で高い冷却効果が期待できる．たとえば，キュリー温度が 293 K で，かつ磁気モーメントの大きい Gd を使うことにより室温付近での冷凍機をつくることが可能になる．ま

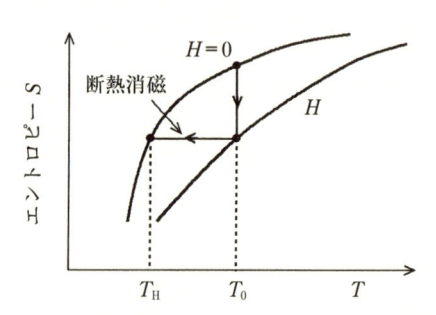

図 12-12 磁性体のエントロピー変化と断熱消磁

た，1次磁気転移を起こす強磁性体を使うとエントロピー変化が生じる温度範囲は限られるがその温度範囲内でのエントロピー変化量が大きくなり，転移点が異なる材料を組み合わせ使うと冷凍効率の高い冷凍機の実現が期待され作業物質や効率的な冷凍機の開発が進められている[60].

付録 A　内殻電子の反磁性の古典電磁気学による導出

　図 2-2 に示すように，内殻電子雲を，原子核を中心軸とし磁場の方向に垂直な面上にあるリングの集合と考え，このリングに誘起される電流，それに等価な磁気モーメントの和を計算する．いま，磁場を 0 から H まで増加させると，半径 R のリングにはファラデーの法則による誘導起電力

$$2\pi RE = -\mu_0 \pi R^2 \frac{dH}{dt} \longrightarrow E = -\frac{1}{2}\mu_0 R \frac{dH}{dt} \tag{A-1}$$

が生じ，電子には $-eE$ の力が加わり，ニュートン方程式

$$m\frac{dv}{dt} = -eE = \mu_0 \frac{eR}{2}\frac{dH}{dt} \tag{A-2}$$

により加速される．これを積分し，磁場が 0 から H まで増加したときの電子速度の増加を求めると

$$\Delta v = \mu_0 \frac{eR}{2m}H \tag{A-3}$$

となり，電荷密度を $-e\rho(r)$ として，半径 R，断面積 dS のリングに誘起される電流は

$$i = -e\Delta v \rho(r)dS$$

となる．その環状電流に等価な磁気モーメントは，次式のようになる．

$$d\mu = \mu_0 i\pi R^2 = -\frac{1}{2m}\mu_0^2 \pi e^2 R^3 \rho(r) H dS \tag{A-4}$$

リングの体積素片は $dV = 2\pi R dS$ で与えられるので

$$d\mu = -\frac{\mu_0^2 e^2 R^2}{4m} H\rho(r)dV \tag{A-5}$$

を得る．内殻電子の電子密度は球対称であり，電子数を Z とすると，$d\mu$ の体積積分である内殻電子に誘起される磁気モーメントは

$$\mu_{\text{dia}} = -\frac{\mu_0^2 e^2 H}{4m}\int_0^\infty R^2 \rho(r)dV = -\frac{\mu_0^2 Z e^2}{4m}H\cdot\langle R^2\rangle = -\frac{\mu_0^2 Z e^2 H}{6m}\langle r^2\rangle \tag{A-6}$$

で与えられる．ここで，$\langle R^2\rangle$，$\langle r^2\rangle$ はそれぞれ内殻電子雲についての R^2 および r^2 の平均値であり

$$\langle R^2\rangle = \frac{\int_0^\infty R^2\rho(r)dV}{\int_0^\infty \rho(r)dV}, \quad \langle r^2\rangle = \frac{\int_0^\infty r^2\rho(r)dV}{\int_0^\infty \rho(r)dV}, \quad \int_0^\infty \rho(r)dV = Z$$

で与えられる．ρ の分布は球対称なので，$\langle R^2\rangle = \langle x^2+y^2\rangle = \frac{2}{3}\langle x^2+y^2+z^2\rangle = \frac{2}{3}\langle r^2\rangle$ が成り立つことを使った．

したがって，1モル当たりの比反磁性帯磁率(2-2)式を得る．

付録B　スピン波励起による $T^{3/2}$ 則の導出

この項の導出には固体の比熱に対するデバイの理論が参考になる．比熱はフォノンの励起により生じ，自発磁化の減少はスピン波（マグノン）の励起による．このとき，励起エネルギーと波数の関係（分散関係）がフォノンの場合は $\varepsilon_q = vq$，マグノンの場合は $\varepsilon_q = Dq^2$ と，異なることに注意．

(4-17)式において，マグノンの状態密度 $\mathfrak{D}(\varepsilon_q)$ を求める．波数空間の単位体積当たりのモード数は $\frac{V}{8\pi^3}$，波数 q 以下の全モード数は

$$N = \frac{V}{8\pi^3}\frac{4\pi}{3}q^3 = \frac{V}{6\pi^2}\left(\frac{\varepsilon_q}{D}\right)^{3/2}$$

である．したがって，モード密度は

$$D(\varepsilon_q) = \frac{dN}{d\varepsilon_q} = \frac{V}{4\pi^2}\left(\frac{1}{D}\right)^{3/2}\varepsilon_q^{1/2}$$

で与えられる．これを(4-17)式に代入し，$x = \frac{\varepsilon_q}{k_B T}$ とおくと

$$\Delta M = \frac{V\mu_B}{4\pi^2}\left(\frac{k_B T}{D}\right)^{3/2}\int_0^{x_c}\frac{x^{1/2}dx}{e^x - 1}$$

となる．積分の上限は切断波数に相当し，低温では無限大とおいてよい．定積分

$$\frac{1}{4\pi^2}\int_0^{\infty}\frac{x^{1/2}dx}{e^x - 1} = 0.1174$$

より，(4-17)式が得られる．

付録C　反強磁性の平行帯磁率の導出

今，外部磁場の方向をA副格子磁化と同じ方向とし，A副格子についてはその方向を正に，B副格子については逆方向を正方向とし，H，H_A，H_B，M_A，M_B はすべて正のスカラー量とし，また，磁場によって変化する副格子磁化量は，A副格子は微小量の増加，B副格子は微小量の減少とすると

$$M_A = M_s + \Delta M_A, \quad M_B = M_s - \Delta M_B$$

これを用い(5-1)式をスカラー量にして書き直すと

$$\begin{aligned}H_A &= \alpha M_A + \gamma M_B + H = (\alpha + \gamma)M_s + \alpha\Delta M_A - \gamma\Delta M_B + H \\ H_B &= \gamma M_A + \alpha M_B - H = (\alpha + \gamma)M_s + \gamma\Delta M_A - \alpha\Delta M_B - H\end{aligned} \quad \text{(C-1)}$$

したがって，副格子磁化は(5-3)式と同様に

付録C 反強磁性の平行帯磁率の導出

$$M_\mathrm{A} = M_\mathrm{s0} B_J \left[\frac{g_J \mu_\mathrm{B} J\{(\alpha+\gamma)M_\mathrm{s} + \alpha \Delta M_\mathrm{A} - \gamma \Delta M_\mathrm{B} + H\}}{k_\mathrm{B} T} \right]$$

$$M_\mathrm{B} = M_\mathrm{s0} B_J \left[\frac{g_J \mu_\mathrm{B} J\{(\alpha+\gamma)M_\mathrm{s} + \gamma \Delta M_\mathrm{A} - \alpha \Delta M_\mathrm{B} - H\}}{k_\mathrm{B} T} \right] \quad \text{(C-2)}$$

と求まる.ここで,ΔM,H を微小量として
(C-2)をテイラー展開し,$\Delta M = M_\mathrm{A} - M_\mathrm{B} = \Delta M_\mathrm{A} + \Delta M_\mathrm{B}$ を求めると

$$\Delta M = M_\mathrm{s0} B_J' \left\{ \frac{(\alpha+\gamma) g_J \mu_\mathrm{B} J M_\mathrm{s}}{k_\mathrm{B} T} \right\} \left[\frac{g_J \mu_\mathrm{B} J\{(\alpha-\gamma)\Delta M + 2H\}}{k_\mathrm{B} T} \right] \quad \text{(C-3)}$$

これより ΔM を求め,(5-10)式

$$\chi_\parallel(T) = \frac{\Delta M}{H} = \frac{2 g_J \mu_\mathrm{B} J M_\mathrm{s0} B_J'\{g_J \mu_\mathrm{B} J (\alpha+\gamma) M_\mathrm{s}/k_\mathrm{B} T\}}{k_\mathrm{B} T + (\gamma-\alpha) g_J \mu_\mathrm{B} J M_\mathrm{s0} B_J'\{g_J \mu_\mathrm{B} J (\alpha+\gamma) M_\mathrm{s}/k_\mathrm{B} T\}} \quad \text{(C-4)}$$

を得る.

参　考　書

(1) 近桂一郎, 安岡弘志：実験物理学講座 6, 磁気測定 I（丸善 2000）
(2) 大岩正芳：初等量子化学（化学同人 1965）
(3) キッテル：固体物理学入門（上, 下）第 7 版（丸善 1998）
(4) 上村　洸 他：配位子場理論とその応用（裳華房 1969）
(5) 近角聡信：強磁性体の物理（上, 下）（裳華房 1978）
(6) 永宮健夫：磁性の理論（吉岡書店 1987）
(7) 山下次郎：固体電子論（朝倉書店 1973）
(8) 小口多美夫：バンド理論（内田老鶴圃 1999）
(9) 近角聡信 他編：磁性体ハンドブック（朝倉書店 1975）
(10) 守谷　亨：磁性物理学（朝倉書店 2006）
(11) 星埜禎男 編：実験物理学講座「中性子回折」（共立出版 1976）
(12) 藤田英一：メスバウア分光入門（アグネ技術センター 1999）
(13) 朝山邦輔：遍歴電子系の核磁気共鳴（裳華房 2002）
(14) 本間基文, 日口　章：磁性材料読本（工業調査会 1998）
(15) 新庄輝也：人工格子入門（内田老鶴圃 2002）

参　考　文　献

[1] 近桂一郎, 安岡弘志：実験物理学講座 6（参考書[(1)]）p. 61
[2] 大岩正芳：初等量子化学（参考書[(2)]）p. 31
[3] キッテル：固体物理学入門（参考書[(3)] 下）p. 127
[4] 上村　洸 他：配位子場理論とその応用（参考書[(4)]）p. 38
[5] 芳田　奎：磁性（岩波書店 1991）p. 53
[6] 永宮健夫：磁性の理論（参考書[(6)]）p. 73
[7] ゲプハルト, クライ：相転移と臨界現象（吉岡書店 1992）p. 102
[8] 近角聡信：強磁性体の物理（参考書[(5)]上）p. 219
[9] 同上　p. 226
[10] 山下次郎：固体電子論（参考書[(7)]）p. 141
[11] H. M. Krutter：Phys. Rev. **48** (1935) 664
[12] キッテル：固体物理学入門（参考書[(3)] 下）p. 143
[13] 永宮健夫, 久保亮五 編：固体物理学（岩波書店 1961）p. 105
[14] J. W. D. Connoly：Phys. Rev. **159** (1967) 415

[15] R. Maglic : Phys. Rev. Letters **31** (1973) 546
[16] 近角聡信 他編：磁性体ハンドブック（参考書[9]） p. 318
[17] 金森順次郎：日本金属学会会報 **11**（1972）523
[18] O. Gunnarsoen : J. Phys. **F6** (1976) 587
[19] N. F. Mott : Adv. Phys. **13** (1973) 546
[20] 守谷　亨：磁性物理学（参考書[10]） p. 54
[21] 永宮健夫：磁性の理論（参考書[6]） p. 130
[22] 近角聡信 他編：磁性体ハンドブック（参考書[9]） p. 419
[23] 永宮健夫：磁性の理論（参考書[6]） p. 69
[24] 近角聡信 他編：磁性体ハンドブック（参考書[9]） p. 905
[25] Y. Nishihara and Y. Yamaguchi : J. Phys. Soc. Japan **51** (1982) 1333
[26] T. Sakakibara et al. : Phys. Letters **A117** (1986) 243-246
[27] S. Nagata et al. : Phys. Rev. **B19** (1979) 1633
[28] 長谷田泰一郎, 目片　守：物理学最前線 26, 三角格子上の物理（共立出版 1990）p. 155
[29] A. H. Morrish : The Physical Principles of Magnetism (John Wiley 1965) p. 456
[30] B. D. Gaulin et al. : Phys. Rev. Letters **69** (1992) 3244
[31] H. Nakamura et al. : J. Phys. Condens. Matter **13** (2001) 475
[32] H. Nakamura et al. : J. Phys. Soc. Japan **65** (1996) 2779
[33] 近角聡信：強磁性体の物理（参考書[5] 下） p. 12
[34] C. Zener : Phys. Rev. **96** (1954) 1335
[35] 近角聡信：強磁性体の物理（参考書[5] 下） p. 29
[36] 志賀正幸：日本金属学会会報 **17**（1978）582
[37] M. Shiga : A. I. P. Conf. Proc. No. 18 Magnetism and Magnetic Materials (1973) 463
[38] 髙木　豊：物性物理学講座 5, 結晶物理学（共立出版 1959）p. 161
[39] M. Shiga and Y. Nakamura : J. Phys. Soc. Japan **26** (1969) 24
[40] J. F. Janak and A. R. Williams : Phys. Rev. **B14** (1976) 4199
[41] H. Fujimori : Physics and Applications of Invar Alloys (Honda Memorial Series on Materials Science No. 3 Maruzen 1978) p. 82
[42] M. Shiga : Materials Science and Technology Vol. **3B** (Weinhaim N. Y. 1993) 165, 志賀正幸：固体物理 **15**（1980）589
[43] 近角聡信：強磁性体の物理（参考書[5] 上） p. 27
[44] 同上　p. 29

[45]　近角聡信：強磁性体の物理（参考書[5] 下）p. 193
[46]　同上　p. 205
[47]　同上　p. 158
[48]　同上　p. 263
[49]　同上　p. 220
[50]　島田　寛, 山田興治：磁性材料（講談社 1999）p. 107
[51]　本間基文, 日口　章：磁性材料読本（参考書[14]）p. 266
[52]　近角聡信：強磁生体の物理（参考書[5]）p. 313
[53]　高橋秀俊：電磁気学（裳華房 1960）p. 295
[54]　毛利佳年雄：磁気センサー理工学（コロナ社 1998）p. 95
[55]　日本金属学会編：転移論, 山本美喜雄「格子欠陥と強磁性」（丸善 1971）p. 537
[56]　M. N. Baibich et al.：Phys. Rev. Letters **61**（1988）2472
[57]　日本物理学会 編：電子と物性（丸善 1996）p. 117
[58]　井上順一郎, 伊藤博介：まてりあ **37**（1998）p. 731
[59]　本間基文, 日口　章：磁性材料読本（参考書[14]）p. 288
[60]　和田裕文, 志賀正幸：まてりあ **39**（2000）909

演習問題解答

1-1 (1-4)式で，M と r は直交しているので，$M_1 \cdot r = M_2 \cdot r = 0$
ゆえに，$U = \dfrac{M_1 \cdot M_2}{4\pi\mu_0 r^3}$．（a）$U = -\dfrac{(1.165 \times 10^{-29})^2}{4\pi \times 4\pi \times 10^{-7} \times (10^{-10})^3} = -8.6 \times 10^{-24}\,\text{J} = -0.62\,\text{K}$，（b）$U = +0.62\,\text{K}$

1-2 （1） 無限に長い直線導線に電流 i が流れているとき，導線から $a\,[\text{m}]$ 離れた位置での磁束密度は $B = \dfrac{\mu_0 i}{2\pi a}$．内面積 S の超伝導リング内の総磁束 BS が量子磁束 Φ_0 に等しくなる条件より，SQUID が検出可能な電流は
$$i_{\min} = \dfrac{2\pi a \Phi_0}{S\mu_0} = \dfrac{2\pi \times 0.1 \times 2.07 \times 10^{-15}}{10^{-4} \times 1.257 \times 10^{-6}} = 1.03 \times 10^{-5}\,\text{A}$$
（2） $en = i \to n = \dfrac{i_{\min}}{1.6 \times 10^{-19}} = 6.4 \times 10^{13} \approx 10^{-10}\,\text{mol}$

2-1 球面調和関数の定義式　$Y_l^m(\theta, \phi) = A_{lm} P_l^m(\cos\theta) e^{im\phi}$，規格化定数
$A_{lm} = (\mp)^m (1/\sqrt{2\pi})\sqrt{(2l+1)(l-|m|)!/2(l+|m|)!}$
$P_2^0 = 1/2(3\cos^2\theta - 1)$，$P_2^{\pm 1} = 3\sin\theta\cos\theta$ より
$$Y_2^{-1}(\theta, \phi) = \dfrac{1}{\sqrt{2\pi}}\sqrt{\dfrac{5 \times 1}{2 \times 3 \times 2}} P_2^{-1} e^{-i\phi} = \dfrac{1}{\sqrt{2\pi}}\sqrt{\dfrac{5}{12}} 3\sin\theta\cos\theta e^{-i\phi}$$
$$Y_2^0(\theta, \phi) = \dfrac{1}{\sqrt{2\pi}}\sqrt{\dfrac{5 \times 2}{2 \times 2}} P_2^0 = \dfrac{1}{\sqrt{2\pi}}\sqrt{\dfrac{5}{2}}\dfrac{1}{2}(3\cos^2\theta - 1)$$
一方，$l_+ = l_x + il_y$，および(2-7 b, c)式より
$$l_+ = e^{i\phi}\left(\dfrac{\partial}{\partial\theta} + i\dfrac{\cos\theta}{\sin\theta}\dfrac{\partial}{\partial\phi}\right)$$
したがって
$$l_+ Y_2^{-1}(\theta, \phi) = \dfrac{1}{\sqrt{2\pi}}\dfrac{\sqrt{15}}{2}(3\cos^2\theta - 1) = \dfrac{1}{\sqrt{2\pi}}\sqrt{6}\sqrt{\dfrac{5}{2}}\dfrac{1}{2}(3\cos^2\theta - 1)$$
$$= \sqrt{3 \times 2}\, Y_2^0(\theta, \phi)$$
と，(2-10 a)式を満足している．

2-2
$$j_+ j_- |j, m\rangle = \sqrt{(j+m)(j-m+1)}\, j_+ |j, m-1\rangle$$
$$= \sqrt{(j+m)(j-m+1)}\sqrt{(j-\{m-1\})(j+\{m-1\}+1)}|j, m\rangle$$
$$= (j+m)(j-m+1)|j, m\rangle$$
同様に，$j_- j_+ |j, m\rangle = (j-m)(j+m+1)|j, m\rangle$
$j_z^2 |j, m\rangle = j_z j_z |j, m\rangle = m j_z |j, m\rangle = m^2 |j, m\rangle$

$$\boldsymbol{j}^2|j, m\rangle = \left[\frac{1}{2}(\boldsymbol{j}_+\boldsymbol{j}_- + \boldsymbol{j}_-\boldsymbol{j}_+) + \boldsymbol{j}_z^2\right]|j, m\rangle$$
$$= \left[\frac{(j+m)(j-m+1)+(j-m)(j+m+1)}{2} + m^2\right]|j, m\rangle$$
$$= j(j+1)|j, m\rangle$$

2-3 Pm^{3+} $4f^4$
   $S=2$, $L=6$, $J=4$, $g_J=3/5$

3-1 $J=S=5/2$, $g_J=2$, $p^2=35$, 1 mol$=0.3912$ kg
   (3-12), (3-13)式より
   $$\chi_{mol} = \frac{6.02\times10^{23}\times(1.165\times10^{-29})^2\times35}{3\times1.38\times10^{-23}\times300} = 2.30\times10^{-13}\ H\cdot m^2/mol$$
   質量当たり帯磁率 $\chi_M = \chi_{mol}/M = 5.89\times10^{-13}\ Hm^2/kg$
   質量当たり比帯磁率 $\overline{\chi_M} = \chi_M/\mu_0 = 4.69\times10^{-7}\ m^3/kg$
   cgs系 $\chi_g = \overline{\chi_M}\times10^3/4\pi = 3.73\times10^{-5}\ cm^3/g$

3-2

(a) 自由原子 (b) 立方対称 (c) 正方対称 (d) 斜方対称
                              $(a>c)$ $(a>b)$

3-3 (3-16)式より， $d_{yz} = R(r)r^2(Y_2^1 + Y_2^{-1})$
   $$\langle l_z \rangle = \int_0^\infty r^6 R^2(r)dr \cdot \int_0^\pi \int_0^{2\pi}(Y_2^1+Y_2^{-1})^* l_z(Y_2^1+Y_2^{-1})\sin\theta d\theta d\phi$$
   $$= \frac{1}{2}\int_0^\infty r^6 R^2(r)dr \cdot \iint(Y_2^{-1}+Y_2^1)(Y_2^1-Y_2^{-1})\sin\theta d\theta d\phi = 0$$

4-1 (4-12)式より， $a = \dfrac{3k_B T_C}{Ng_J^2\mu_B^2 S(S+1)} = 4.70\times10^8$ A·m/Wb
   ここで，N は単位体積当たりの原子数 $=2/a^3=8.46\times10^{28}/m^3$, $g_J=2$, $S=1$,
   $T_C=1043$ K
   $H_m = aM(0) = 4.7\times10^8 \times 2.19 = 1.028\times10^9$ A/m
   (4-9)式より， $J_{ex} = \dfrac{Ng_J^2\mu_B^2}{2z}a = 1.35\times10^{-21}$ J$=98$ K

4-2 $A=3.4\times10^{-6}$ とすると，(4-18)式より

$$D = k_\mathrm{B}\left(\frac{0.117a^3}{2SnA}\right)^{2/3} = 4.77 \times 10^{-40}\ \mathrm{J\cdot m^2} = 298\ \mathrm{meV\ Å^2}$$

$$J_\mathrm{ex} = \frac{D}{2Sa^2} = 2.90 \times 10^{-21}\ \mathrm{J} = 210\ \mathrm{K}$$

4-3 (4-11)式を $M = aB_J(bM)$ と書き，ブリルアン関数の近似式(3-11)を $B_J(x) = cx - dx^3$ とおく．
ここで，a, b, c, d はそれぞれ

$$a = Ng_J\mu_\mathrm{B}J,\quad b = \frac{ag_J\mu_\mathrm{B}J}{k_\mathrm{B}T},\quad c = \frac{J+1}{3J},\quad d = \frac{1}{45}\frac{(J+1)\{(J+1)^2 + J^2\}}{2J^3}$$

$$M = abcM - ab^3dM^3 \longrightarrow M^2 = \frac{1}{ab^3d}(abc - 1)$$

a, b, c を代入しキュリー温度の式，$T_\mathrm{C} = \dfrac{aNg_J^2\mu_\mathrm{B}^2J(J+1)}{3k_\mathrm{B}}$ (4-12)式を使うと

$$M^2 = \frac{90k_\mathrm{B}^3 T^2}{Na^3 g_J^4 \mu_\mathrm{B}^4 J(J+1)\{(J+1)^2 + J^2\}}(T_\mathrm{C} - T)$$

したがって，(4-28)式と比べると，M_S^2 は T_C 直下では $(T_\mathrm{C} - T)$ に比例するが比例係数には温度依存性がある．

5-1 $$\overline{\cos^2\theta} = \frac{\int \cos^2\theta\, d\Omega}{\int d\Omega} = \frac{\int_0^{2\pi} d\phi \int_0^\pi \cos^2\theta \sin\theta\, d\theta}{\int_0^{2\pi} d\phi \int_0^\pi \sin\theta\, d\theta}$$

分母 $= 2\pi \times [-\cos\theta]_0^\pi = 4\pi$
分子：$\cos\theta = t$ とおくと，$-\sin\theta\, d\theta = dt$

$$2\pi \int_0^\pi \cos^2\theta \sin\theta\, d\theta = -2\pi \int_1^{-1} t^2 dt = 2\pi\left[\frac{1}{3}t^3\right]_{-1}^1 = \frac{4}{3}\pi$$

よって，$\overline{\cos^2\theta} = \dfrac{1}{3}$

同様に

$$2\pi \int_0^\pi \sin^2\theta \sin\theta\, d\theta = -2\pi \int_1^{-1}(1 - t^2)dt = 2\pi\left\{2 - \left[\frac{1}{3}t^3\right]_{-1}^1\right\} = \frac{8\pi}{3}$$

よって，$\overline{\sin^2\theta} = \dfrac{2}{3}$

5-2 キュリー温度は帯磁率が発散する温度なので，(5-22)式が 0 となる温度を求めればよい．すなわち

$$\frac{1}{\chi} = \frac{T}{C} + \frac{1}{\chi_0} - \frac{A}{T - \Theta} = 0$$

より，$\chi_0 T^2 - (\chi_0\Theta - C)T - C\Theta - \chi_0 AC = 0$ と 2 次方程式が得られる．正の解のみ意味をもつので(5-23)式が得られる．

6-1 Al の電子密度 $N/V = 3 \times 4/a^3 = 1.81 \times 10^{29}/\mathrm{m}^3$

$$\varepsilon_\mathrm{F} = \frac{\hbar^2}{2m}\left(\frac{3\pi^2 N}{V}\right)^{3/2} = 1.87 \times 10^{-18}\,\mathrm{J} = 11.7\,\mathrm{eV}$$

$$D(\varepsilon_\mathrm{F}) = \frac{1}{2\pi^2}\left(\frac{2m}{\hbar^2}\right)^{3/2}\varepsilon_\mathrm{F}^{1/2} = 1.45 \times 10^{47}\,\mathrm{J^{-1} m^{-3}}$$

体積当たり帯磁率 　　$\chi_\mathrm{V} = \mu_\mathrm{B}^2 D(\varepsilon_\mathrm{F}) = 1.97 \times 10^{-11}\,\mathrm{H/m}$
質量当たり帯磁率 　　$\chi_\mathrm{M} = \chi_\mathrm{V}/\rho = 7.33 \times 10^{-15}\,\mathrm{H \cdot m^2/kg}$
質量当たり比帯磁率 　$\overline{\chi_\mathrm{M}} = \chi_\mathrm{M}/\mu_0 = 5.83 \times 10^{-9}\,\mathrm{m^3/kg}$
cgs 換算 　$\chi_\mathrm{g} = \overline{\chi_\mathrm{M}} \times 10^3/4\pi = 0.46 \times 10^{-6}\,\mathrm{cm^2/g}$

7-1 (7-1)式において，強磁性：$\phi = 0$，反強磁性：$\phi = \pi$，ヘリカル：$\cos\phi = -J_1/4J_2$，$\cos 2\phi = 2\cos^2\phi - 1 = J_1^2/8J_2^2 - 1$ とおきエネルギーを比較すればよい．

簡単のため比例係数および J_0 の項を除いた，$E(\phi) = -J_1\cos\phi - J_2\cos 2\phi$ を比較する．

　　　　強磁性：$E(0) = -J_1 - J_2$, 反強磁性：$E(\pi) = J_1 - J_2$,

　　　ヘリカル：$E(\phi) = \frac{1}{8}\frac{J_1^2}{J_2} + J_2$

$J_1 > 0$ の領域では $E(0) - E(\pi) = -2J_1 < 0 \rightarrow E(0) < E(\pi)$ と常に強磁性の方が反強磁性より低エネルギー，逆に $J_1 < 0$ の領域では反強磁性の方が低エネルギー．したがって，$J_1 > 0$ の領域では強磁性とヘリカルのエネルギー差を調べればよい．

$E(0) - E(\phi) = -J_1 - 2J_2 - \frac{1}{8}\frac{J_1^2}{J_2}$. ゆえに，$J_2 > 0$ なら $E(0) < E(\phi)$ と強磁性が安定．

$J_2 < 0$ かつ $0 < -\dfrac{J_1}{4J_2} < 1$ （ヘリカルが極小値をとる条件式）なら，$E(0) > E(\phi)$ となりヘリカルが安定．ここで，$\cos\phi = -J_1/4J_2 = 1$ のとき，$E(0) - E(\phi) = 0$ となることに注意．また，$J_1 < 0$ の領域では同様に反強磁性とヘリカルのエネルギー差を調べればよい．

8-1 方向余弦を極座標に変換すると

$$\alpha_3 = \cos\theta,\quad \alpha_1^2 = \alpha_2^2 = \frac{1 - \cos^2\theta}{2} = \frac{\sin^2\theta}{2}$$

$$E_\mathrm{A} = K_1\left(\frac{\sin^4\theta}{4} + \sin^2\theta\cos^2\theta\right) + \frac{K_2}{4}\sin^4\theta\cos^2\theta$$

$$= \frac{K_1}{32}(7-4\cos 2\theta - 3\cos 4\theta) + \frac{K_2}{128}(2-\cos 2\theta - 2\sin 4\theta + \cos 6\theta)$$

$$T = -\frac{dE_A}{d\theta} = -\left(\frac{1}{4}K_1 + \frac{1}{64}K_2\right)\sin 2\theta - \left(\frac{3}{8}K_1 + \frac{1}{16}K_2\right)\sin 4\theta - \frac{3}{64}K_2 \sin 6\theta$$

9-1 $S=1/2$, $a=0.352$ nm, $J_{ex} \approx 2k_B T_C/z = 2.76\times 10^{-23}\times 631/12 \approx 14.5\times 10^{-22}$ J, $K=-5\times 10^3$ J/m³, $l=0.01$ m, $I_s=0.64$ Wb/m² として, $\gamma \approx 4.5\times 10^{-4}$ J/m², $d \approx 3.72\times 10^{-6}$ m.

10-1 $H=\dfrac{B}{\mu}=\dfrac{\Phi}{\mu S}$, S, μ, Φ は一定なので, $\oint H dl = \dfrac{\Phi}{\mu S}\oint dl = \dfrac{l}{\mu S}\Phi = ni = V_m$.

したがって, 磁気抵抗 $R_m = \dfrac{V_m}{\Phi} = \dfrac{l}{\mu S}$

欧字先頭語索引

A
APW ……………………………98

B
Bathe と Slater ………………55
bcc-Fe-Co ……………………103

C
cgs 単位系 ……………………3
Clausius-Clapeyron の式 …………144
CMR ……………………………191
Co フェライト …………………135
CPA ……………………………105
Curie 温度 ……………………12, 56
Curie 定数 ……………………40, 41
Curie の法則 …………………14, 37, 39
Curie-Weis の法則 ……13, 59, 65, 73

D
ΔE 効果 …………………140
de Gennes 因子 ………………113
Dyzaloshinsky-Moriya の相互作用 115
d 軌道 ………………………27

E
E-H 対応の MKS 系 …………3
Ehrenfest の関係式 ……………144

F
Fe-Ni …………………………103
f 軌道 ………………………27

G
GMR(巨大磁気抵抗効果)………187

H
H_A(異方性磁場)……………168
Hartree 自己無撞着場 …………99
Heisenberg ……………………53
Heitler と London ……………53
high spin state ………………48

L
Landé の g 因子 ………………34
low spin state …………………48
ls 結合 ………………………33

M
MI センサー …………………177
Mn-Zn フェライト ……………81
MnO ……………………………69
Morin 温度 ……………………115

N
Néel ……………………………69
── 温度 ………………………70
Ni-Cu …………………………102
Ni の強磁性 …………………101

P
p(有効ボーア磁子数)…………40, 41
Pauli
── の常磁性 ……15, 89, 94, 95, 108
── の禁律 ……………………29
── の原理 ……………………29

R
RKKY 相互作用 ………………113
Russell-Saunders ……………34

S
SCR 理論 …………………………109
SI 単位系 …………………………3
SQUID 磁力計 ……………………10

T
Terfenol …………………………140

TMR
TMR …………………………………193

V
VSM（振動試料法）………………9

和文索引

あ
アイソマーシフト ……………127
圧延磁気異方性 ………………137
圧力効果 ………………………142
アモルファス …………………181
　　──合金 ……………………83
アルニコ磁石 …………………182
アロットプロット ………………66
アンペールの周回定理 ………174

い
1次転移 …………………………66
1重項状態 ………………………31
異方性磁場 H_A ………………168
異方性定数 ……………………132
インバー型 ……………………110
　　──合金 ………………141, 147
インバー効果 …………………141
インピーダンス ………………177

う
ヴァン・ブレックの常磁性 …49, 50
渦電流効果 ………………………90
渦電流損失 ……………………176

え
永久磁石 ……………2, 151, 166, 171
　　──材料 …………………181
エネルギーバンド理論 …………85
エンタルピー ……………………63
エントロピー ………………65, 196

お
応力誘起磁気異方性 …………140

か
カー効果 …………………160, 195
ガーネット ………………………82
回転磁化範囲 …………………165
化学シフト ……………………129
角運動量 ………18, 25, 26, 28, 48, 135
　　──演算子の定義 …………26
　　──のベクトルモデル ……25
　　軌道── …………………21
　　合成── …………………28
　　残留軌道── …………48, 135
　　スピン── …………………18
核散乱構造因子 ………………122
核散乱振幅 ……………………122
核磁気共鳴 ……………………129
　　──法 ……………………11
核4重極相互作用 ……………129
カゴメ格子 ……………………118
カスプ …………………………117
完全フラストレート系 ………118
環流磁区 ………………………156

き
起磁力 …………………………173
寄生強磁性 ……………………115
軌道運動 …………………………17
軌道角運動量 …………………21
　　──の凍結 …………42, 47
希土類金属 …………………3, 41
　　──原子 …………………27
　　──の磁気構造 …………113
希土類磁石 ……………………182
ギブス自由エネルギー ………144
逆スピネル ………………………81
球面調和関数 ……………………23

キュリー温度 ……………………12, 56
キュリー定数 ……………………40, 41
キュリーの法則………………14, 37, 39
キュリー-ワイスの法則 ………13, 59, 65
　　　反強磁性体の――― ………………73
強磁性 ………………………………14, 53
　　　寄生――― …………………………115
　　　―――体 ………………………………1
　　　$3d$ 遷移金属の――― …………………98
　　　純鉄の――― …………………………102
　　　薄膜の――― …………………………173
　　　反――― …………………14, 69, 71, 73
　　　弱い――― …………………………95
強制磁化率 …………………………166
強制体積磁歪 ………………………142
局在モーメントモデル ………………53
局所スピン密度関数近似 ……………99
巨大磁気抵抗効果（GMR）…………187
金属絶縁体転移 ……………………193

く

クーロン積分 ……………………32, 54
矩形波 ………………………………114

け

形状磁気異方性 …………………137, 172
ケイ素鋼板 …………………………179
結合軌道 ………………………………54
結晶場 …………………………………44, 47
減磁曲線 ……………………………172
原子磁石 ………………………………14

こ

交換エネルギー …………………30, 32
交換結合 ……………………………190
交換積分 …………………………32, 54
交換増強パウリ常磁性 ………………94
交換相互作用 ……………………29, 30
交換力 …………………………………29

合金の格子定数 ……………………142
硬磁性材料 …………………………166
格子定数 ……………………………142
高磁場帯磁率 ………………………149
合成角運動量 …………………………28
剛性率 ………………………………140
コーン ………………………………114
コバルトフェライト ………………135
固有方程式 ……………………………21
コリニア配列 ………………………111
コンダクタンス ……………………193

さ

最大透磁率 …………………………166
サイン波 ……………………………114
サテライトライン …………………124
三角格子 …………………………118, 120
酸化クロム ……………………………3
3 重項状態 ……………………………31
$3d$ 遷移金属の強磁性 …………………98
$3d$ 電子 ……………………………28, 42, 85
散乱ベクトル …………………………122
残留軌道角運動量 ………………48, 135
残留磁化 …………………………12, 166
残留磁束密度 ………………………166

し

磁荷 ……………………………………4
磁化 ……………………………………4
　　　残留――― …………………………12, 166
　　　―――回転 …………………………163
　　　―――過程 …………………………163
　　　―――曲線 …………………………163
　　　―――方向 …………………………163
　　　―――容易方向 ………………131, 163
　　　副格子――― …………………………71, 72
時間反転対称性 ……………………132
磁気異方性 ………………………131, 163
　　　圧延――― …………………………137

和文索引

応力誘起―― …………………140
　形状―― ………………137,172
　誘導―― …………………136
磁気インピーダンスセンサー ………177
磁気回路 ……………………173
磁気記録 ……………………183
磁気光学的方法 ……………160
磁気散漫散乱 ………………124
磁気散乱構造因子 …………123
磁気散乱振幅 ………………122
磁気状態図 …………………112
磁気双極子相互作用…………7,53
磁気相転移……………………64
磁気体積効果 ……………141,146
磁気体積結合項 ……………144
磁気体積結合定数 …………145
磁気抵抗 ……………………173
　――効果 ………………187,193
磁気天秤 ………………………8
磁気ブラッグピーク ………123
磁気ヘッド ………………183,185
磁気モーメント ……………4,17
示強変数………………………62
磁気余効 ……………………178
磁気量子数……………………23
磁気冷凍 ……………………196
磁区 ……………………12,153
　環流―― …………………156
　――構造 ………………153,157
　――の観察 ………………159
　――の形成 ………………151
　――の幅 …………………156
　樹枝状―― ………………157
　バブル―― ………………157
　迷路―― …………………157
磁性材料 ……………………166
　硬―― ……………………166
　軟―― …………166,170,179
磁束密度 ………………………4

残留―― ……………………166
実関数表示……………………43
磁場が磁性体になす仕事 W ………63
磁場勾配 ………………………6
磁場中冷却効果 …………117,136
自発磁化 ……………………11,53
　――の温度依存性 …………57
自発体積磁歪 ……………141,145
磁場誘起絶縁体→金属転移 ……193
磁壁 ……………………12,153
　――移動 ………………12,163
　――の厚さ ………………155
　――のエネルギー ………154
　――のトラップ …………167
斜方対称結晶場………………46
周回定理 ……………………174
10乗則 ………………………136
自由電子の交換エネルギー……91
自由電子モデル ………………85
縮退 ……………………………28
樹枝状磁区 …………………157
主量子数………………………23
シュレーディンガー(波動)方程式
　………………………………22,98
純鉄の強磁性 ………………102
昇降演算子……………………23
常磁性 …………………………14
　――体のエネルギー ………64
状態密度 ……………………86,98
　――曲線 ……………………96
初磁化率範囲 ………………165
初帯磁率 ……………………166
初透磁率 ……………………166
示量変数………………………62
磁歪 …………………………137
　強制体積―― ……………142
　自発体積―― …………141,145
　――定数 …………………138
　体積―― …………………138

真空の透磁率 …………………………4
人工格子 ……………………………188
振動試料法（VSM） …………………9

す

水素分子 ………………………………53
水素様原子 ……………………………22
垂直磁化膜 …………………………173
垂直帯磁率 ……………………………74
スーパーマロイ ……………………180
ステンレス合金 ………………………2
ストーナーモデル ……………………94
ストーナー理論 ……………………146
スピネル構造 …………………………80
スピン液体 …………………………121
スピンエコー法 ……………………129
スピン角運動量 ………………………18
スピン軌道相互作用 ………32-35, 135
スピングラス ………………………117
スピン状態関数 ………………………26
スピンの揺らぎ …………………105, 107
スピン波 ………………………………60
　　──分散係数 ……………………61
スピンバルブ ………………………189
スピンフリップ ………………………76
スピン密度 …………………………106
　　──波 ………………………………114
スピン量子数 …………………………18
スレーター-ポーリング曲線 ………101

せ

静磁エネルギー ………………151, 152
正スピネル ……………………………81
正方対称結晶場 ………………………46
遷移金属酸化物 ………………………70
センダスト …………………………181

そ

相関効果 ………………………………93
増強されたパウリ常磁性 ……………95

た

帯磁率 ………………………………5, 73
　　高磁場── ……………………149
　　初── ……………………………166
　　垂直── ……………………………74
　　比── ………………………………5
体積磁歪 ……………………………138
多重項 …………………………………49
多層膜 ………………………………187
多電子系の波動関数 …………………31
多電子原子のエネルギー準位 ………46
短距離秩序 ……………………………61
単磁区粒子 ………………158, 168, 172
断熱消磁 ……………………………196

ち

中性子回折 …………………………69, 122
　　──装置 ………………………123
中性子散乱 …………………………122
超交換相互作用 ………………………70
超常磁性 ……………………………168
頂点共有正4面体格子 ……………121
超微細磁場 …………………………128
直接交換相互作用 ……………………55
直線偏光 ……………………………195

つ

強い強磁性 ……………………………95

て

ディジタル磁気記録 ………………195
テープレコーダ ……………………183
鉄属遷移金属 ………………3, 27, 41
鉄損 …………………………………166
テルビウム …………………………111
電子顕微鏡 …………………………160
電子密度 ………………………………93

と

透磁率 ···5
  最大—— ······································166
  初—— ···166
  真空の—— ····································4
  比—— ···5
トルク（回転力）···································6
トルク曲線 ··133
トルクメータ ····································133
トンネル磁気抵抗効果 ························193

な

ナイトシフト ····································129
内部応力 ···168
内部磁場 ···128
軟磁性材料 ···························166, 170, 179

に

2次相転移 ··65
二重交換相互作用 ·······························193

ね

ネール温度 ··70
ネール点 ··14
ネオジウム磁石 ·································182
熱膨張異常 ··148
熱力学関数 ··62
熱力学変数 ··62

は

ハードディスク ·································184
パーマロイ ··180
パーメンジュール ······················176, 180
ハイゼンベルグ ···································53
ハイゼンベルグハミルトニアン ············56
パイロクロア型結晶 ···························121
パイロクロア格子 ······························118
パウリ常磁性 ························15, 89, 108
  交換増強—— ·································94

和文索引 219

パウリの禁律 ·······································29
パウリの原理 ·······································29
薄膜強磁性 ··173
8面体準位 ··47
8面体配位 ··45
波動関数の密度分布 ·····························43
バブル磁区 ··157
バルクハウゼン効果 ···························165
反強磁性 ··14
  ——体 ···69
  ——体のキュリー–ワイス則 ·······73
  ——体の分子場理論 ······················71
反結合軌道 ··54
反磁性 ··15, 19
反磁場 ···169
  ——係数 ··169
  ——の補正 ····································164
反跳エネルギー ·································126

ひ

光磁気記録 ··195
光磁気ディスク ·································195
引き抜き法 ··8, 9
「非常に弱い」遍歴電子強磁性体 ·······109
ヒステリシス曲線 ······························166
ヒステリシスロス ······························178
歪みゲージ ··138
比帯磁率 ··5
非弾性散乱 ··125
比透磁率 ··5
比熱 ···65
非偏極中性子線 ·································124
表皮効果 ···177
表面弾性エネルギー ···························155

ふ

ファラデー ··8
  ——効果 ··160
ファン・リューウェン ··························90

フェライト ……………………………181
　　──磁石 ……………69, 80, 177, 182
フェリ磁性 ………………………15, 69, 77
　　──の分子場理論………………77
　　補償型── ……………………78
フェルミエネルギー………………………86
フェルミ-ディラック分布関数 ………86
フェルミ波数 ……………………………113
フェルミレベル……………………………86
不可逆磁壁移動範囲 ……………………165
副格子 ……………………………………71
　　──磁化 …………………………71, 72
複素関数表示………………………………43
付随現象 …………………………………187
ブラ，ケット表示…………………………25
フラストレート系 ………………………118
プランク定数………………………………17
ブリルアン関数……………………………39, 40
ブロッホ関数………………………………85
分極率 ……………………………………91
分散曲線 …………………………………100
分子場 ……………………………………57, 94
　　──近似 …………………………56
　　──係数 …………………………57
フントの規則 ……………………28, 40, 191
粉末図形法 ………………………………159

へ
平行磁化率…………………………………74
ヘリカル構造 …………………………111, 112
偏極中性子線 ……………………………124
変調構造 …………………………………114
遍歴電子 …………………………………85
　　──モデル ……………………105, 146

ほ
方位量子数…………………………………23
飽和 ………………………………………163
　　──漸近則 ……………………166

ボーア磁子…………………………………18
ボーアモデル………………………………17
ホール効果…………………………………10
ポールピース ……………………………176
補償温度……………………………………78
補償型フェリ磁性膜 ……………………195
補償型フェリ磁性体………………………78
保磁力 ………………………………166, 167
ポテンシャルエネルギー…………………63
ボルツマン分布……………………………38
ホルミウム ………………………………111

ま
マクスウェルの関係式……………………63
マグノン……………………………………60
マグヘマイト ………………………………2
マフィンティンポテンシャル……………99

む
無反跳吸収 ………………………………126

め
迷路磁区 …………………………………157
メスバウアー効果 ………………………126
メタ磁性……………………………………76, 116
　　──転移 ………………………116
面心立方晶 ………………………………120

や
ヤーン-テラー効果 ………………………49
ヤング率 …………………………………140

ゆ
有効磁場……………………………………72, 170
有効ボーア磁子数 p ……………………40, 41
誘導磁気異方性 …………………………136
揺らぎの振幅 ……………………………109

よ

ヨーク ……………………………174
弱い強磁性………………………95
4面体配位 ………………………45
4面体配置 ………………………47

ら

ラーベス相金属間化合物 ………116, 121
ランダウ展開……………………64
ランダウ反磁性…………………91
ランデの g 因子 ………………34

り

立方晶ペロブスカイト …………191
立方対称結晶場…………………44
臨界指数…………………………61

る

ルジャンドルの陪関数……………23

れ

冷凍機 ……………………………196

わ

ワイス……………………………56

材料学シリーズ　監修者

堂山昌男
東京大学名誉教授
帝京科学大学名誉教授
Ph. D., 工学博士

小川恵一
元横浜市立大学学長
Ph. D.

北田正弘
東京芸術大学名誉教授
工学博士

著者略歴　志賀 正幸（しが　まさゆき）
　　　　　　1938 年　京都市に生まれる
　　　　　　1961 年　京都大学理学部化学科卒業
　　　　　　1963 年　京都大学大学院理学研究科修士課程修了
　　　　　　1964 年　京都大学工学部金属加工学教室助手，助教授を経て
　　　　　　1989 年　京都大学工学部教授
　　　　　　2002 年　定年退職
　　　　　　京都大学名誉教授　理学博士
　　　　　　専門分野：磁性物理学
　　　　　　主な著書：磁性入門，材料科学者のための固体物理学入門，材料科
　　　　　　　　　　　学者のための固体電子論入門，材料科学者のための電磁
　　　　　　　　　　　気学入門，材料科学者のための量子力学入門，材料科学
　　　　　　　　　　　者のための統計熱力学入門（いずれも内田老鶴圃）他

	2007 年 4 月 25 日　第 1 版発行
検印省略	2014 年 2 月 25 日　第 2 版発行
	2023 年 7 月 10 日　第 2 版 2 刷発行

材料学シリーズ

磁 性 入 門
スピンから磁石まで

　　　　　　　　　　　　　　　著　者　志　賀　正　幸
　　　　　　　　　　　　　　　発行者　内　田　　　学
　　　　　　　　　　　　　　　印刷者　山　岡　影　光

発行所　株式会社 内田老鶴圃　〒112-0012　東京都文京区大塚3丁目34番3号
　　　　　　　　　　　　　電話 (03)3945-6781(代)・FAX (03)3945-6782
http://www.rokakuho.co.jp/
　　　　　　　　　　　　　　　　　　　　　　印刷・製本/三美印刷 K. K.

Published by UCHIDA ROKAKUHO PUBLISHING CO., LTD.
3-34-3 Otsuka, Bunkyo-ku, Tokyo, Japan

U. R. No. 554-3

ISBN 978-4-7536-5630-1 C3042　　©2007 志賀正幸

材料学シリーズ

堂山昌男・小川恵一・北田正弘 監修

No.1 金属電子論 上
水谷宇一郎 著
A5・276頁・定価3520円（本体3200円＋税10%）

No.2 金属電子論 下
水谷宇一郎 著
A5・272頁・定価3850円（本体3500円＋税10%）

No.3 結晶・準結晶・アモルファス
改訂新版
竹内 伸・枝川圭一 著
A5・192頁・定価3960円（本体3600円＋税10%）

No.4 オプトエレクトロニクス
光デバイス入門
水野博之 著
A5・264頁・定価3850円（本体3500円＋税10%）

No.5 結晶電子顕微鏡学
材料研究者のための 増補新版
坂 公恭 著
A5・300頁・定価4840円（本体4400円＋税10%）

No.6 X線構造解析 原子の配列を決める
早稲田嘉夫・松原英一郎 著
A5・308頁・定価4180円（本体3800円＋税10%）

No.7 セラミックスの物理
上垣外修己・神谷信雄 著
A5・256頁・定価4180円（本体3800円＋税10%）

No.8 水素と金属 次世代への材料学
深井 有・田中一英・内田裕久 著
A5・272頁・定価4180円（本体3800円＋税10%）

No.9 バンド理論 物質科学の基礎として
小口多美夫 著
A5・144頁・定価3080円（本体2800円＋税10%）

No.10 高温超伝導の材料科学
応用への礎として
村上雅人 著
A5・264頁・定価4180円（本体3800円＋税10%）

No.11 金属物性学の基礎
はじめて学ぶ人のために
沖 憲典・江口鐵男 著
A5・144頁・定価2750円（本体2500円＋税10%）

No.12 入門 材料電磁プロセッシング
浅井滋生 著
A5・136頁・定価3300円（本体3000円＋税10%）

No.13 金属の相変態 材料組織の科学 入門
榎本正人 著
A5・304頁・定価4180円（本体3800円＋税10%）

No.14 再結晶と材料組織
金属の機能性を引きだす
古林英一 著
A5・212頁・定価3850円（本体3500円＋税10%）

No.15 鉄鋼材料の科学
鉄に凝縮されたテクノロジー
谷野 満・鈴木 茂 著
A5・304頁・定価4180円（本体3800円＋税10%）

No.16 人工格子入門 新材料創製のための
新庄輝也 著
A5・160頁・定価3080円（本体2800円＋税10%）

No.17 入門 結晶化学 増補改訂版
庄野安彦・床次正安 著
A5・228頁・定価4180円（本体3800円＋税10%）

No.18 入門 表面分析
固体表面を理解するための
吉原一紘 著
A5・224頁・定価3960円（本体3600円＋税10%）

No.19 結晶成長
後藤芳彦 著
A5・208頁・定価3520円（本体3200円＋税10%）

No.20 金属電子論の基礎 初学者のための
沖 憲典・江口鐵男 著
A5・160頁・定価2750円（本体2500円＋税10%）

No.21 金属間化合物入門
山口正治・乾 晴行・伊藤和博 著
A5・164頁・定価3080円（本体2800円＋税10%）

No.22 液晶の物理
折原 宏 著
A5・264頁・定価3960円（本体3600円＋税10%）

No.23 半導体材料工学
材料とデバイスをつなぐ
大貫 仁 著
A5・280頁・定価4180円（本体3800円＋税10%）

No.24 強相関物質の基礎
原子，分子から固体へ
藤森 淳 著
A5・268頁・定価4180円（本体3800円＋税10%）

No.25 **燃料電池**
熱力学から学ぶ基礎と開発の実際技術
工藤徹一・山本　治・岩原弘育 著
A5・256頁・定価4950円（本体4500円＋税10%）

No.26 **タンパク質入門**
その化学構造とライフサイエンスへの招待
高山光男 著
A5・232頁・定価3080円（本体2800円＋税10%）

No.27 **マテリアルの力学的信頼性**
安全設計のための弾性力学
榎　学 著
A5・144頁・定価3080円（本体2800円＋税10%）

No.28 **材料物性と波動**
コヒーレント波の数理と現象
石黒　孝・小野浩司・濱崎勝義 著
A5・148頁・定価2860円（本体2600円＋税10%）

No.29 **最適材料の選択と活用**
材料データ・知識からリスクを考える
八木晃一 著
A5・228頁・定価3960円（本体3600円＋税10%）

No.30 **磁性入門** スピンから磁石まで
志賀正幸 著
A5・236頁・定価4180円（本体3800円＋税10%）

No.31 **固体表面の濡れ制御** 増補新版
中島　章 著
A5・240頁・定価4620円（本体4200円＋税10%）

No.32 **演習X線構造解析の基礎**
必修例題とその解き方
早稲田嘉夫・松原英一郎・篠田弘造 著
A5・276頁・定価4180円（本体3800円＋税10%）

No.33 **バイオマテリアル**
材料と生体の相互作用
田中順三・角田方衛・立石哲也 編
A5・264頁・定価4180円（本体3800円＋税10%）

No.34 **高分子材料の基礎と応用**
重合・複合・加工で用途につなぐ
伊澤槇一 著
A5・312頁・定価4180円（本体3800円＋税10%）

No.35 **金属腐食工学**
杉本克久 著
A5・260頁・定価4730円（本体4300円＋税10%）

No.36 **電子線ナノイメージング**
高分解能TEMとSTEMによる可視化
田中信夫 著
A5・264頁・定価4400円（本体4000円＋税10%）

No.37 **材料における拡散**
格子上のランダム・ウォーク
小岩昌宏・中嶋英雄 著
A5・328頁・定価4400円（本体4000円＋税10%）

No.38 **リチウムイオン電池の科学**
ホスト・ゲスト系電極の物理化学からナノテク材料まで
工藤徹一・日比野光宏・本間　格 著
A5・252頁・定価4730円（本体4300円＋税10%）

No.39 **材料設計計算工学
計算熱力学編** 増補新版
CALPHAD法による熱力学計算および解析
阿部太一 著
A5・224頁・定価3850円（本体3500円＋税10%）

No.40 **材料設計計算工学
計算組織学編** 増補新版
フェーズフィールド法による組織形成解析
小山敏幸 著
A5・188頁・定価3520円（本体3200円＋税10%）

No.41 **合金のマルテンサイト変態と
形状記憶効果**
大塚和弘 著
A5・256頁・定価4400円（本体4000円＋税10%）

No.42 **クラスター・ナノ粒子・
薄膜の基礎**
形成過程，構造，電気・磁気物性
隅山兼治 著
A5・320頁・定価4730円（本体4300円＋税10%）

No.43 **ポーラス材料学**
多孔質が創る新機能性材料
中嶋英雄 著
A5・288頁・定価5060円（本体4600円＋税10%）

No.44 **材料の組織形成** 材料科学の進展
宮崎　亨 著
A5・132頁・定価3300円（本体3000円＋税10%）

No.45 **スピントロニクス入門**
物理現象からデバイスまで
猪俣浩一郎 著
A5・216頁・定価4180円（本体3800円＋税10%）

No.46 **材料物理学入門**
結晶学，量子力学，熱統計力学を体得する
小川恵一 著
A5・304頁・定価4400円（本体4000円＋税10%）

材料科学者のための**固体物理学入門**
志賀正幸 著　A5・180頁・定価3080円（本体2800円＋税10%）
　1　結晶と格子　2　結晶による回折　3　結晶の結合エネルギー　4　格子振動　5　統計熱力学入門　6　固体の比熱　7　量子力学入門　8　自由電子論と金属の比熱・伝導現象　9　周期ポテンシャル中での電子 —エネルギーバンドの形成—

材料科学者のための**固体電子論入門**　エネルギーバンドと固体の物性
志賀正幸 著　A5・200頁・定価3520円（本体3200円＋税10%）
　1　量子力学のおさらいと自由電子論　2　周期ポテンシャルの影響とエネルギーバンド　3　フェルミ面と状態密度　4　金属の基本的性質　5　金属の伝導現象　6　半導体の電子論　7　磁性　8　超伝導

材料科学者のための**電磁気学入門**
志賀正幸 著　A5・240頁・定価3520円（本体3200円＋税10%）
　1　はじめに　2　点電荷のつくる静電場，静電ポテンシャル　3　分散・分布する電荷のつくる静電場　4　物質の電気的性質I　絶縁体と誘電率　5　物質の電気的性質II　静的平衡状態にある導体　6　物質の電気的性質III　定常電流が流れる導体　7　静磁場　8　電磁誘導　9　マクスウェルの方程式と電磁波　10　過渡特性とインピーダンス —交流回路理論の基礎—　11　変動する電磁場中の物質 —複素誘電率と物質の光学的性質—　12　$E-H$対応系と物質の磁性

材料科学者のための**量子力学入門**
志賀正幸 著　A5・144頁・定価2640円（本体2400円＋税10%）
　1　量子力学の発展　2　量子力学の方法I —シュレーディンガーの方程式を解く—　3　量子力学の方法II —物理量と演算子—　4　近似解 —摂動法と変分法—　5　多電子系の取り扱い　6　状態間遷移 —時間を含む摂動論—

材料科学者のための**統計熱力学入門**
志賀正幸 著　A5・136頁・定価2530円（本体2300円＋税10%）
　1　序論 —アインシュタイン・モデルによる固体の比熱—　2　より一般的な統計熱力学　3　基本的な系の統計熱力学　4　材料科学への応用　付録A　Lagrangeの未定係数法の証明　付録B　箱の中の自由粒子の状態密度

遍歴磁性とスピンゆらぎ
高橋慶紀・吉村一良 著
A5・272頁・定価6270円（本体5700円＋税10%）

無機固体化学　構造論・物性論
吉村一良・加藤将樹 著
A5・284頁・定価4180円（本体3800円＋税10%）

強相関物質の基礎
原子，分子から固体へ
藤森　淳 著
A5・268頁・定価4180円（本体3800円＋税10%）

固体の磁性　はじめて学ぶ磁性物理
中村裕之 訳／Stephen Blundell 著
A5・336頁・定価5060円（本体4600円＋税10%）

磁性物理の基礎概念　強相関電子系の磁性
上田和夫 著
A5・220頁・定価4400円（本体4000円＋税10%）

基礎から学ぶ強相関電子系
量子力学から固体物理，場の量子論まで
勝藤拓郎 著
A5・264頁・定価4400円（本体4000円＋税10%）

http://www.rokakuho.co.jp/